錾花工艺

ZANHUA CRAFT

任 开 卢伟平 张荣红 寸发标 编著

图书在版编目(CIP)数据

錾花工艺/任开等编著.—武汉：中国地质大学出版社，2023.8
（中国地质大学（武汉）珠宝学院GIC系列丛书）
ISBN 978-7-5625-5621-3

Ⅰ.①錾… Ⅱ.①任… Ⅲ.①首饰-生产工艺 Ⅳ.①TS934.3

中国国家版本馆CIP数据核字（2023）第170610号

錾花工艺		任 开 卢伟平 张荣红 寸发标 **编著**
责任编辑：何 煦	选题策划：张 琰	责任校对：张咏梅

出版发行：中国地质大学出版社（武汉市洪山区鲁磨路388号）	
邮政编码：430074	电　　话：（027）67883511
传　　真：（027）67883580	E-mail:cbb@cug.edu.cn
经　　销：全国新华书店	http://cugp.cug.edu.cn
开本：787mm×1092mm　1/16	字数：197千字　　印张：9
版次：2023年8月第1版	印次：2023年8月第1次印刷
印刷：湖北金港彩印有限公司	
ISBN 978-7-5625-5621-3	定价：59.00元

如有印装质量问题请与印刷厂联系调换

前言

金属工艺的发展史也是人类文明的发展史,展现的是手工劳作不断精细化的过程。从青铜铸造到材料的3D打印,从压模铸焊到錾锻掐丝,金银细金工艺的衍生与发展不仅体现了祖先的智慧和他们对美的追求,也展现了中华民族在几千年的文明繁衍中独树一帜的民族精神。当代社会经济高速发展,就更加需要文化助力人们实现美好生活。发展需要创新,创新离不开继承。传统的技艺是时间留给我们的财富,我们要学习经典传统文化,塑造传统工艺的时代新风貌。

錾花工艺流传数千年,传承遍布祖国大江南北,且在不同地区,所用工具和工艺技法的名称也大不相同,我尽可能将这些名称进行梳理和对比。本书的主要内容包括錾花工艺的概念、发展历史、相关工具、基本技法与工作场景、教学案例以及国内著名的錾花工艺传承地等。本书以传统錾花工艺为基础,在讲授錾花工艺基础知识的同时梳理出常用工具及其分类,并结合经典范例讲解工艺与表现技法,操作步骤详细、语言简洁易懂。书中有样式实例、文物实例,同时也有我的个人作品和教学中的学生作品。本书可作为专业院校首饰设计专业教学用书、传统工艺爱好者自学用书,还可供相关领域研究人员参考。

在本书的撰写过程中,我请教了国内相关专业教师、工艺美术大师、相关领域杰出艺术家和手工艺人,包括中国工艺美术大师寸发标、母柄林,工艺美术师周洁,北京一级工艺美术大师杨锐,银饰锻制非遗传承人张家松、寸光伟、寸汉兴、李耀华、苏亮熊、和正华及寸星兴,在此对他们表示感谢。本书实物拍照、资料整理离不开

I

珠宝学院首饰系闫政旭老师和研究生刘浩城、池润迪、程子颐、王子纯、张舒畅、王舒悦、吴迪、李子龙等的协助，在此一并感谢。

几千年的传统工艺流传至今博大精深，由于本人水平有限，书中难免存在一些不足，敬请广大读者批评指正。

任 开

2022年11月9日

目 录

1 第一章
錾花工艺的概述 /001
一、中国传统金银细金工艺 /003

二、錾花工艺的概念 /004

2 第二章
錾花工艺的发展历史 /005
一、先秦时期 /007

二、两汉时期 /010

三、隋唐时期（包括辽） /013

四、两宋时期 /019

五、明清时期 /022

六、近现代 /032

3 第三章
錾花工艺相关工具 /035
一、錾子 /037

二、衬压铺垫物 /054

三、錾花锤 /058

四、其他相关工具 /059

4 第四章

錾花工艺的基础技法与工作场景 /063

一、基本技法 /065

二、工艺流程 /072

三、工作姿态 /074

四、工作场景 /075

5 第五章

錾花工艺教学案例 /079

一、云纹 /081

二、火纹 /086

三、山水纹 /091

四、花蝶纹 /095

五、狮子纹 /102

六、圆龙盘纹样 /105

七、嵌金工艺 /111

6 第六章

国内著名錾花工艺传承地 /113

一、北京地区 /115

二、西藏地区 /117

三、云南大理白族自治州 /119

四、贵州黔东南苗族侗族自治州 /122

主要参考文献 /126

附 录 学生作品 /127

第一章
錾花工艺的概述

一、中国传统金银细金工艺

首饰很小，但也很大。纵观人类文明历史长河，小小的首饰浓缩了我们对美好生活的向往。有些首饰代表了当时最先进的技术，有些使用了当时最珍贵的材料，有些由最有代表性的工匠制作而成。虽然地域不同、文化不同，但在追求美好生活的动力下，美丽的材料被工匠们发现，复杂的工艺被人们创造。每一种金属细化工艺的衍生与发展无不浸透着人们的勤劳和智慧。

目前考古发现，我国制作金银器的历史最早可追溯到商代，这种金银制作工艺被称为金银细金工艺（杨小林，2008）。我们也可以从一些典籍中看到古人对金银器制作工艺、名称的描述。如《太平广记》卷二百三十六中有"汉郭况，光武皇后之弟也。累金数亿，家童四百人。以金为器皿，铸冶之声，彻于都鄙"[1]；《南齐书》卷十七中有"玉辂，汉金根也"；《新唐书·百官志》中有"细镂之工，教以四年"；《唐六典》卷二十二中有"凡教诸杂作工，业金、银、铜、铁铸、钅亏、凿、镂、错、镞所谓工夫者，限四年成"[2]；《燕翼诒谋录》卷二中有"销金、贴金、缕金、间金、戗金、圈金、解金、剔金、捻金、陷金、明金、泥金、榜金、背金、影金、阑金、盘金、织金金线"[3]；《宋会要辑稿》中有："文思院，太平兴国三年置,掌金银犀玉工巧之物，金彩绘素装钿之饰……领作三十二：打作、棱作、钑作、渡（镀）金作、钉子作……销金作、缕金作"。1948年的《北平市手工艺生产合作运动》一书介绍了当时北京市玉器、地毯、珐琅、雕漆、刺绣、挑补花、绒绢纸花、烧瓷、铜锡器、镶嵌、牙骨、料器、铁花、宫灯、玩具等手工艺生产的现状及沿革。在《中国传统工艺全集》丛书中的《金银细金工艺和景泰蓝》中，金银细金工艺包括掐、填、攒、焊、编、织、堆、垒、挫、镂、捶、闷、打、崩、挤、镶等。从以上描述中可以看到金银制作工艺随着历史的发展和社会文化需求的变化不断演变，有的工艺消失，有的工艺形成独立的特征。

综上所述，金银细金工艺是我们祖先在漫长的历史长河中，金银加工技术精细化的体现，并且在每个历史时期复杂的社会背景的不断影响下，工艺面貌持续发生着变化，发展至今金银细金工艺包含许多耳熟能详又相对独立的传统工艺，如花丝镶嵌、錾花工艺、粟粒工艺、金摺丝工艺、错金银工艺等。

---

[1] 李昉，2003. 太平广记 [M]. 北京：中国文史出版社.

[2] 张九龄等，1997. 唐六典全译 [M]. 兰州：甘肃人民出版社.

[3] 王铚，王栐，1981. 默记 燕翼诒谋录 [M]. 北京：中华书局.

二、錾花工艺的概念

錾花工艺也称为錾刻工艺，行话称为"实錾"，与西方金属工艺中的"Chasing and Repoussé"（敲花工艺）类似。《说文解字》中有："錾，小凿也。从金，从斩，斩亦声"。在《广雅·释器》中，"镌谓之錾。"古代人将图形的设计和绘制统称为纹样、花样、放样等。花丝工艺是将金银素丝进行不同组合从而形成丰富的花样丝的制作工艺。类似于花丝工艺，錾花工艺是对金、银、铜片做高低起伏、不同花纹造型的工艺。早期的錾花工艺中用到的是一些硬度不稳定的铜合金，到汉代随着冶铁技术的成熟，錾花工艺的制形效果和工艺特点才真正显现出来。《唐六典》中记载了唐十四法："销金、拍金、镀金、织金、砑金、披金、泥金、镂金、捻金、戗金、圈金、贴金、嵌金、裹金"①。这十四法对当时这种独具特色的细金工艺做了概述。唐玄宗赏赐安禄山的金银器中有"银凿镂、银镲"②。贺知章的《答朝士》中有"锻镂银盘盛蛤蜊"，其中的"锻"或"镂"，在现代也叫镌刻、镂刻。宋代、元代时，人们将錾花称为"镂花""钑镂"（罗振春，2013）。古代书籍中的镌镂、透雕、镂雕、镂刻都是指錾花中的镂空技法。明清时期人们将锤揲和錾花工艺统称为"打作"，其工艺更加精细，当时的工匠擅长将锤揲、錾花与镶嵌相结合。唐克美等（2004）在《金银细金工艺和景泰蓝》中将錾花分为实作和錾作两部分。实作为素胎錾，是将金、银、铜板直接打制成自然形状或在上面打出图案，做成工艺品。錾作为"花活"錾，就是用各种工具在工艺品的素胎上錾出各种图案、花纹，它不能独立直接成活。实作和錾作的工艺技法是相同的，只是錾作更细一些。这本书中所说的实作即为古代的锤揲，而錾作则为平锻、剔地和镂空。而现在，一般将由锤揲和錾花工艺制作的金银器皿统称为錾花工艺品。我们普遍认为器皿造型是实作，图案纹样为錾作。

目前行业里錾花的主流称谓是錾刻，这个词可以拆开来看，一是"錾"，二是"刻"。杨锐（2021）的《金工錾刻技法》中提到，錾刻在细金工艺中被称为錾花，是专指在贵金属表面雕刻花纹图案的艺术。客观地讲，錾花工艺是对金、银、铜等（多为贵金属）表面进行凹凸处理的一种金属造型表现技法，它包括起形、造形（从正面对凸起纹饰的基本形态进行细致的塑形）、平錾（在金属表面进行精细和浅显的线条刻画）、镂空（利用錾头锋利的快錾将纹饰中需要透空的部分脱出器物）等多种手法。通过錾花工艺，金银器平滑的表面就出现了不同层次的光影折射效果和多样的造型。"刻"所用的技法是戗，戗是将原有的斜口錾子打磨得更锋利（俗称戗刀），再在金属表面剔出（戗出）花纹，类似于西方的雕金工艺。因此，戗完的作品比先前的材料轻一些。

中国的文化博大精深，錾花工艺传承千年，正确理解每一种工艺的名称、工艺方法需要特定的语境。尤其是在手工艺中，很多字、词有时作为动词用来描述技法动作；有时是名词，作为技法名称。这些都需在实践的过程中慢慢自行体会。

---

① 田艺蘅，2012. 留青日札 [M]. 杭州：浙江古籍出版社.
② 姚汝能，1983. 安禄山事迹 [M]. 上海：上海古籍出版社.

第二章
錾花工艺的发展历史

在人类的生产和生活中，文化在手工艺发展的过程中起着重要的作用。朝代的更迭和民族的融合都会带来手工艺的大发展，而随着统治阶层的稳定，每个时期的工艺都会形成自己的特征。从流传下来的文物中可以看出由宫廷工匠制作的皇室工艺品和由民间手工艺人制作的民间工艺品的差别：皇室工艺品的特点是材料珍奇、工艺精细、造型唯美，而民间工艺品则材料单一、工艺简约、造型朴拙。

錾花工艺的历史十分悠久，我国在商代已进入"青铜时代"，也正是在这个时期錾花工艺开始萌芽。錾花工艺发展至今，大致可分为几个时期：先秦时期、两汉时期、隋唐时期（包括辽）、两宋时期、明清时期和近现代。

一、先秦时期

从目前国内各地发掘的商周遗址来看，当时的农业较发达，人口快速增长，并且统治阶层也在不断壮大，因此，祭祀活动趋于体系化、规模化，礼器不断丰富，规格和品质越来越高，这也促进了早期手工业的发展。这一时期的墓葬中出土了一定数量的黄金制品，虽然数量远无法与同时期出土的青铜器、玉器相比，但从出土的黄金制品的类型可以看出，黄金在当时人们的意识形态中占据重要地位。当时的人们将黄金打制成极薄的片状，制成神像面罩、手杖等（图 2-1、图 2-2）。这些黄金制品虽然器型相对单一、工艺简单，但它们表面有锤揲、錾花、镂空等的痕迹，可见当时细金工艺已初具雏形，初步形成最基本的工艺流程。

2020 年四川广汉三星堆遗址继 1986 年挖掘后，开始第二阶段的大规模挖掘。2021 年春，考古学家挖掘出金面罩，虽然目前只挖掘出一部分，但从破坏的痕迹和缺失处可断定它曾是一个完整的金面罩（图 2-1），其残破部分尺寸为高 22cm、宽 24cm。除此之外已挖掘的金制器物还有金杖（图 2-2）。

图 2-1　四川省三星堆金面罩
（三星堆博物馆）

图 2-2　四川省三星堆金杖
（三星堆博物馆）

春秋战国时期，各国之间的竞争无形间促进了文化的发展与工艺的进步。当时冶铁技术快速发展，很多人以此为生，古籍上对此也有记载，如《史记 · 货殖列传》中提到：郭纵（图 2–3），战国冶铁匠，赵国人，“邯郸郭纵以铁冶成业，与王者埒富”；曹邴氏（图 2–4），以冶铁起家的战国富贾，“鲁人俗俭啬，而曹邴氏尤甚，以铁冶起，富至巨万”。

冶铁技术的成熟对于錾花工艺的发展有着巨大的推动作用。这一时期的黄金制品各有特点。战国双鹿纹金牌饰（图 2–5），正中錾有阴线的双鹿纹，两角上方各有两个圆孔，长方形边框内装饰锥刺圆点纹，造型简洁质朴，具有游牧民族的特点。图 2–6 为春秋时期矩形虎蛇搏斗纹金饰片，方框边缘有穿孔，方框上饰联珠纹，方框内主题纹饰为一只行走的老虎与蛇搏斗。整个画面风格粗犷，充满力度和紧张的氛围。类似的兽纹装饰，多见于春秋战国时期戎人的遗物中。这些物件的造型与纹饰，承袭了更早期斯基泰文化和广大中亚草原文明的特征，明显受西方文化的影响（呼啸，2018）。

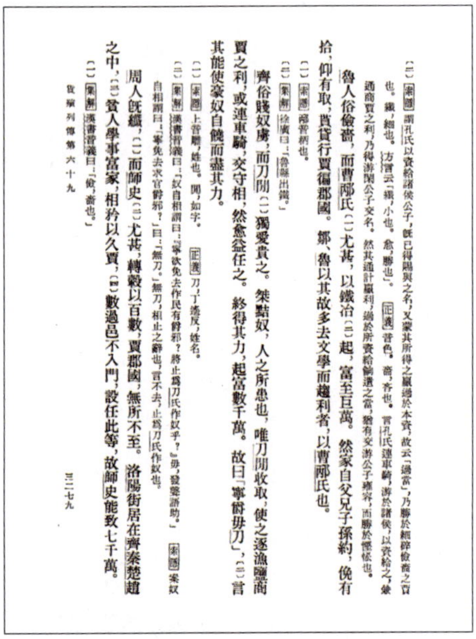

〔三〕索隱 謂孔氏以資給諸侯公子，既已得賜與之名，又蒙其所得之贏過於本資，故云「遊富」，乃勝於纖辭儉嗇之賈也。纖，細也。方言云「纖，小也。愈，勝也」。正義 音色。嗇，吝也。言孔氏連車騎，游於諸侯，以資給之，兼通商賈之利，乃得游閑公子交名。然其通計贏利，過於所資給餉遺之當，猶有交游公子雍容，而勝於慳恡也。

魯人俗儉嗇，而曹邴氏〔一〕尤甚，以鐵冶〔二〕起，富至巨萬。然家自父兄子孫約，俛有拾，仰有取，貰貸行賈徧郡國。鄒、魯以其故多去文學而趨利者，以曹邴氏也。

〔一〕索隱 邴音柄也。

〔二〕集解 徐廣曰：「魯縣出鐵。」

齊俗賤奴虜，而刀閒〔一〕獨愛貴之。桀黠奴，人之所患也，唯刀閒收取，使之逐漁鹽商賈之利，或連車騎，交守相，然愈益任之。終得其力，起富數千萬。故曰「寧爵毋刀」，〔二〕言其能使豪奴自饒而盡其力。

〔一〕索隱 上音雕，姓也。閒，如字。 正義 刀，丁遙反，姓名。

〔二〕集解 漢書音義曰：「奴自相謂曰：『寧欲免去作民有爵邪？將止爲刀氏作奴乎？』毋，發聲助。」 索隱 案奴自相謂曰：「寧免去求官爵邪？」曰：「無刀。」無刀，相止之辭也，言不去，止爲刀氏作奴也。

周人既纖，〔一〕而師史〔二〕尤甚，轉轂以百數，賈郡國，無所不至。洛陽街居在齊秦楚趙之中，〔三〕貧人學事富家，相矜以久賈，〔四〕數過邑不入門，設任此等，故師史能致七千萬。

〔一〕集解 漢書音義曰：「儉，嗇也。」

貨殖列傳第六十九　三二七九

图 2-3　《史记 · 货殖列传》节选（1）

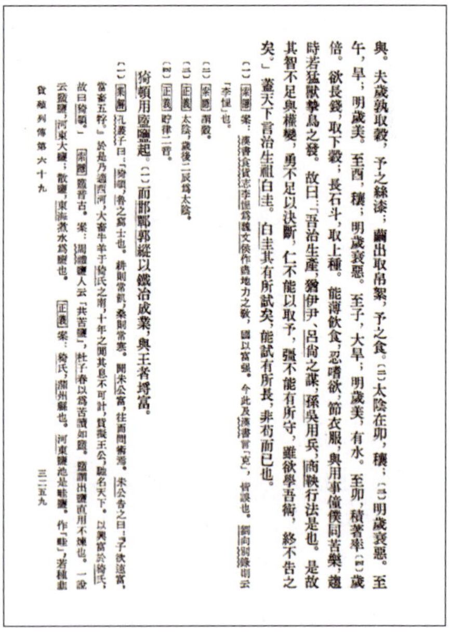

與。夫歲孰取穀，予之絲漆；繭出取帛絮，予之食。〔二〕太陰在卯，穰；〔三〕明歲衰惡。至午，旱；明歲美。至酉，穰；明歲衰惡。至子，大旱；明歲美，有水。至卯，積著率〔四〕歲倍。欲長錢，取下穀；長石斗，取上種。能薄飲食，忍嗜欲，節衣服，與用事僮僕同苦樂，趨時若猛獸摯鳥之發。故曰：「吾治生產，猶伊尹、呂尚之謀，孫吳用兵，商鞅行法是也。是故其智不足與權變，勇不足以決斷，仁不能以取予，彊不能有所守，雖欲學吾術，終不告之矣。」蓋天下言治生祖白圭。白圭其有所試矣，能試有所長，非苟而已也。

〔一〕索隱 案：漢書食貨志李悝爲魏文侯作盡地力之教，國以富彊。今此及漢書言「克」，皆誤也。劉向別錄則云「李悝」也。

〔二〕索隱 謂穀。

〔三〕正義 太陰，歲後二辰爲太陰。

〔四〕正義 貯律二音。

猗頓用盬鹽起。〔一〕而邯鄲郭縱以鐵冶成業，與王者埒富。

〔一〕集解 孔叢子曰：「猗頓，魯之窮士也。耕則常飢，桑則常寒。聞朱公富，往而問術焉。朱公告之曰：『子欲速富，當畜五牸。』於是乃適西河，大畜牛羊于猗氏之南，十年之間其息不可計，貲擬王公，馳名天下。以興富於猗氏，故曰猗頓。」 索隱 盬音古。案：周禮鹽人云「共苦鹽」，杜子春以爲苦讀如盬。盬謂出鹽直用不湅也。一說云盬鹽，河東大鹽；散鹽，東海煮水爲鹽也。 正義 案：猗氏，蒲州縣也。河東鹽池是畦鹽。作「畦」，若種韭

貨殖列傳第六十九　三二五九

图 2-4　《史记 · 货殖列传》节选（2）

图 2-5 战国双鹿纹金牌饰
（陕西历史博物馆）

图 2-6 春秋时期矩形虎蛇搏斗纹金饰片
（陕西历史博物馆）

二、两汉时期

据史料记载,汉代时东西方交流密切,丝绸之路加强了各民族之间经济、文化的交融。这一时期生产力的进步和金银产量的提升以及外域金银的大量流入,促使金银工艺得到长足的发展。图2-7为东汉月牙形金饰件,其外缘有一圈小环,下坠23个瓜棱形金饰,坠饰由两片圆形金片组成。饰件上以小联珠纹排出7个鸟首图案,鸟有鹰喙状尖嘴,制作精美。类似的金器在我国境内鲜有发现,十分珍贵。1982年出土于江苏省盱眙县的一件重9100g、身体锤饰圆形斑纹的金兽(图2-8),其工艺精湛,是西汉金银细金工艺创新的典型代表。内蒙古博物院馆藏的西汉盘角羊纹包金带饰(图2-9)由带扣和带环组成,长方形带扣呈现浮雕效果,正面图案为一盘角羊安详凝视于前,似作静卧姿。羊形象以高浮雕技法装饰,周围衬以浮雕的花卉草叶。背有钮,图案富有写实性,反映了北方游牧民族的地方特色。

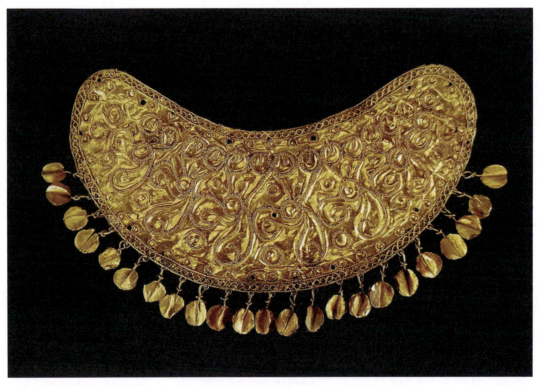

图2-7 东汉月牙形金饰件
(内蒙古博物院)

图 2-8　西汉金兽
（南京博物院）

图 2-9　西汉盘角羊纹包金带饰
（内蒙古博物院）

錾花工艺

此外，随着东西方交流逐步加深，炼铜术发展起来了，冶铁技术也有所发展，工匠也有所增加。黄通，铸铜艺人。1961 年 12 月，陕西西安三桥镇高窑村出土的西汉铜器群中的一件铜鉴上有"上林铜鉴容五石，重百卅二斤鸿嘉三年四月工黄通造八十四枚第卅三"（图 2-10）（何质夫，1963）。綦毋怀文，冶金家及刀剑制作家。据《北齐书》（图 2-11）记载，綦毋怀文"又造宿铁刀，其法烧生铁精以重柔铤，数宿则成刚。以柔铁为刀脊，浴以五牲之溺，淬以五牲之脂，斩甲过三十札。今襄国冶家所铸宿柔铤，乃其遗法，作刀犹甚快利，不能截三十札。"这是有关灌钢法和用复合材料制作刀剑的早期记载，在冶金史上有重要价值。

总体来看，金银錾花工艺到了汉代，就形成了现代錾花工艺的雏形。而且受春秋战国以来文化礼制巨大转变以及外来文化的影响，錾花工艺品的造型得到了极大的丰富。

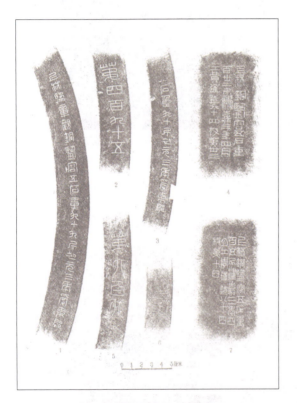

图 2-10 西汉铜鉴铭刻拓本
（何质夫，1963）

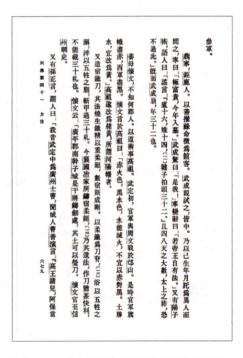

图 2-11 《北齐书》关于綦毋怀文的记载

三、隋唐时期(包括辽)

众所周知,唐朝是开放、包容的朝代。在唐朝,各国使节、学者、商人等纷纷来长安进行交流,其中以西亚国家和日本最甚。外来文化与本土文化持续又充分地交融,而且受粟特文化的影响,錾花工艺变得越来越细致。与前朝相比,唐代金银器的材质、形制、纹样、工艺技术都得到全面发展。这一时期金银錾花工艺的主要特点为工艺复杂、装饰细密和造型生动。金银食用器从唐代开始流行,可分为碗、盘、杯、壶、罐、盆等(图2-12~图2-14),此外还有一些其他金银饰品(图2-15)。很多金银器上都有錾花工艺的影子。

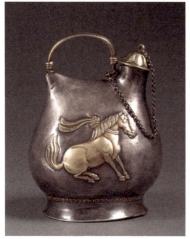

图 2-12　唐鎏金舞马衔杯纹皮囊式银壶
(陕西历史博物馆)

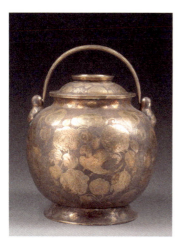

图 2-13　唐鎏金鹦鹉纹提梁银罐
(陕西历史博物馆)

錾花工艺

图 2-14　唐鎏金双狐纹双桃形银盘
（陕西历史博物馆）

图 2-15　唐鎏金刻花流云形银饰片
（陕西历史博物馆）

其中，金银杯、盘除了圆形之外还有六瓣、八瓣、九瓣结构，工匠常用平錾技法錾出丰富的装饰纹样，如莲花纹、马纹、人物、联珠纹等纹样。很多金杯巧妙地将联珠纹与铸造工艺结合并辅以錾花工艺，达到装饰层次丰富、高贵奢华的效果。这不仅体现了唐代人具有很高的审美水平，也体现了唐代工匠高超的金银加工工艺水平。图2-16为唐鎏金花鸟纹银碗，侈口，曲腹。碗心及底足均装饰多重花瓣的宝相花，内腹壁装饰有阔叶折枝花及流云；外壁装饰有背卷式缠枝纹，花枝间錾有四只各具形态的鸳鸯、鸿雁、鸶鸟和鹦鹉。碗内外平錾花纹，纹饰鎏金，除口沿一周外，其余空白处通饰鱼子地纹。

图2-16　唐鎏金花鸟纹银碗
（陕西历史博物馆）

錾花工艺

隋唐前期的400年是民族大融合时期,这期间錾花工艺的技艺与形制风格有了长足的发展和丰富的变化,并且涌现出一大批金银工匠,这也为该工艺之后的繁荣奠定了基础。杨存实,金银匠。1979年在西安市郊未央区鱼化寨南二府庄出土的咸通十三年(公元872年)"宣徽酒坊"银酒注,底刻有"宣徽酒坊咸通十三年六月廿日别敕造七升地字号酒注一枚重一百两匠臣杨存实等造"字样(图2-17),还有银铤(图2-18)。邵元,银匠。陕西法门寺地宫出土的唐鎏金鸿雁流云纹银茶碾子(图2-19)底錾有:"咸通十年文思院造银金花茶碾子一枚并盖共重廿九两匠臣邵元……"字样。唐鎏金飞天仙鹤纹银茶罗子底錾有:"咸通十年文思院造银金花茶罗子一副共重卅七两匠臣邵元。"文思院是专为皇帝、后妃制作器玩、服饰的机构,匠臣都是有品阶的工匠头领。陈景夫,银匠。陕西法门寺地宫出土的鎏金卧龟莲花纹五足朵带银香炉底部錾有"咸通十年文思院造八寸银金花香炉一具并盘及朵带环子全共重三百八两匠臣陈景夫……"(韩伟等,1988;尤婕,2020)。

图2-17 唐"宣徽酒坊"银酒注
(陕西历史博物馆)

图 2-18 唐银铤
（陕西历史博物馆）

图 2-19 唐鎏金鸿雁流云纹银茶碾子
（姜捷，2020）
（法门寺地宫出土）

錾花工艺

除此之外,隋唐时期周边民族的金银錾花工艺也同样富有特色(图2-20),并影响中原地区的工艺和装饰风格,比如吐蕃、契丹等。这些民族的金银加工工艺也比较发达,有以下几个原因:首先与其宗教文化有密切的关系,其次金银器更适合于游牧民族的生活方式,最后游牧民族间频繁的迁徙、战争、贸易促进了东亚地区各民族金银加工工艺的发展。

图2-20 辽代嵌松石錾花八棱金杯
(内蒙古自治区文物考古研究院)

四、两宋时期

宋代，受礼学和士大夫文化的影响，錾花工艺整体呈现出介于贵气与质朴之间的清雅气质。一方面，杯、盘等与造型各异的花卉果蔬相结合，诞生了丰富多样的器形，如常州周塘桥南宋墓出土的一件银鎏金水仙花台盏，盏内底部有一丛水仙，花朵恰如此盏。承盘打作六瓣花，每一个花瓣里有一枝水仙，台面也同样有一枝水仙。四川彭州宋代金银器窖藏出土的银芙蓉花盏（图 2-21）为一整银片打造成型，由花心向外铺展的两重花瓣上用细线錾錾出花瓣纹理，犹如一朵绽放的银芙蓉。另一方面，宋代花鸟画为平面装饰的錾花纹样提供了更多参考图样，首饰上也出现更多不同于传统龙凤和螭虎的、更加清新俊丽且生活化的物象，如石榴、荔枝、桃实、牡丹、莲花、菊花等，富有情致。与此同时，人物纹样更加强调故事性，多取材于神话传说和历史故事。浙江义乌柳青乡游览亭村窖藏出土的七件鎏金花口银台盏，取材于竹林七贤图，盏心各錾一幅人物饮酒图样（图 2-22）。

图 2-21 宋代银芙蓉花盏
（四川彭州宋代金银器窖藏）

图 2-22 宋代鎏金花口银台盏盏心图案之一
（浙江义乌柳青乡游览亭村宋代窖藏）

錾花工艺

图 2-23　江西彭泽县易氏夫人墓银梳

图 2-24　四川德阳市出土的宋代银器

图 2-25　江苏溧阳圆银碟及外底部砸印的"张四郎▨"款识

宋代能产生如此多充满独立审美意趣的生活用品离不开数量庞大的工匠。周小四，金银器工匠，江州（今江西九江）人。1972年江西彭泽出土的北宋元祐五年（公元1090年）易氏夫人墓银梳（图2-23）上有"江州打作""周小四记"等铭文。1959年3月，四川德阳市孝泉镇清真寺出土宋代银器（图2-24）百余件，这些银器打造精美，大都雕刻有精细的飞禽和缠枝花草纹图案。其中银瓶、茶托、银杯、银盒上刻有"周家十分煎银""己酉德阳""周家造""周家打造十分银""孝泉周家打造"等字样。李四郎，银匠。1981年江苏溧阳平桥窖藏出土的宋代银器窖藏中有一件蟠桃鎏金银盘，其口部砸印"李四郎▨"款题。另一件圆银碟（图2-25），外底部砸印"张四郎▨"款识（田自秉等，2008）。

此外还有银匠尹一郎、陈云飞、朱十二郎、张十郎等。湖南益阳八字哨乡关王村发现的南宋窖藏银器中的两件龙錾银杯，分别錾有"柴君茂铺""陈云飞造"字样。

宋代金银器工艺及形制以片活、高浮雕为主要形式，相较于唐代造型更具象生动。许多金银器运用平錾技法制作平面纹样装饰，同时结合高浮雕工艺，形成更加丰富的视觉层次。也有以高浮雕工艺为主的，如山东兖州出土的鎏金银棺，银棺两侧均为高浮雕涅槃图，人物众多，形象生动。对于金银首饰，宋代更流行打造立体式形象，辅以镂空，创造出浮雕式的立体造型。江阴市博物馆馆藏的一支金花头桥梁簪上，以錾花工艺打制浮雕花纹，如以线錾錾出细密的凤羽，折枝花则被打制出错落的层次。图 2-26 中的凤穿牡丹纹金坠饰由两片镂空的金片扣合而成，水滴形。上端为花结形，顶部有孔可穿线佩挂。主体图案为一对鸾凤在花丛中起舞，其上饰一朵扁菊，金坠饰边缘镂刻一圈草叶纹。这件饰物出土时以丝线系于墓主身上，应为宋代女子所穿霞帔下端的坠饰。

图 2-26 南京幕府山出土的凤穿牡丹纹金坠饰
（南京博物院　苏李欢摄）

錾花工艺

相较于唐代较为平面化的首饰装饰手法，两宋时期高浮雕工艺的运用使得平整的金属片有了更多的空间变化，丰富了视觉层次，强化了立体感（图2-27、图2-28）。

图2-27　宋凸花狮子绣球纹海棠形银托
（镇江博物馆）

图2-28　仿宋代银盘

五、明清时期

明代錾花工艺继承了两宋时期高浮雕和写实的工艺特点，并进一步精细化。明代商业快速发展，在其疆域内以北方的北京、中部的南京、东南的广州等为代表，有20多座人口上百万的城市，形成具有一定规模的手工业生产中心。此外明代建立了多个工匠管理体系，并不断完善。范文澜（2004）的《中国通史》中有这样的记载："议定工匠验其丁力，定以三年为班，更番赴京，输作三月，如期交代，名曰轮班匠。……量地远近，以为班次，且置籍为勘合付之，至期，赍至工部听拨。"在当时工匠服役制改为轮班制，这对城市商品经济和民间手工业的迅速发展起到了促进作用。专业化的生产，高质量的工艺传承，使明代金银器工艺水平到明代中期达到了前所未有的高度。由于商业的快速发展，金银制品的使用阶层比以前更加广泛，寻常百姓也可以使用金银器具、佩戴金银首饰等，但依据材料和工艺水平仍然能够区分使用人群的阶层。普通百姓多以银、铁等价格相对低廉的材料制作器物，器物以小件发簪、坠饰为主。有封地的亲王等世袭子弟往往由朝廷按规定的礼制配发相应的金银珠宝首饰和生活器物。目前出土的明代金银制品数量众多（图2-29～图2-32）。

第二章　錾花工艺的发展历史

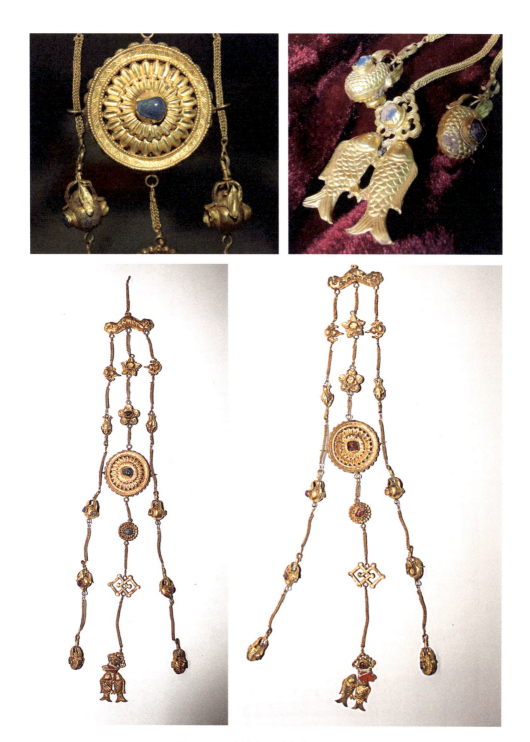

图 2-29　金镶宝玎珰七事
（湖北省博物馆）

錾花工艺

图 2-30　金镂空凤纹坠
（湖北省博物馆）

图 2-31　金壶
（湖北省博物馆）

图 2-32　缠枝花叶纹金首饰
（蕲春县博物馆）

在完善的管理体系下，明代的工匠信息也较之前朝代更为详细。陶成，银匠（图2-33），字孟学，号云湖，江苏宝应人，以绘花鸟、人物著称，最擅画芙蓉。张八郎，金匠。江苏江阴长泾出土的一件明代如意金簪上錾有"张八郎千分金造"（图2-34），既有工匠名，又有金成色。曾昌，银匠。在广西兴安出土的银杯中，有一件刻水波纹和荷花，底錾有"正德八年十月二十二日侯聪田打银一两一钱与子孙受用匠人曾昌打"字款（田自秉等，2008）。

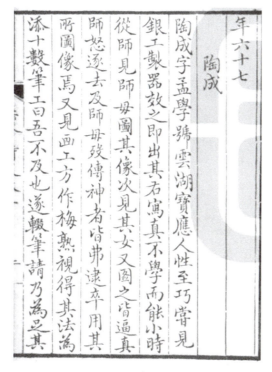

图2-33 《无声诗史》上关于银匠陶成的记载

图2-34 如意金簪上"张八郎千分金造"的字样

錾花工艺

从现存文物来看,明代的錾花工艺已发展得较完备,有平錾、高浮雕錾等。錾花、花丝、镶嵌三种工艺结合(图2-35、图2-36),浑然天成、巧夺天工,并发展出金摺丝工艺(图2-37),錾花题材有人物群像、龙凤(图2-38)、建筑、花卉虫鸟等。人物题材更是这一时期的一大特色(图2-39),它经常出现在头饰(图2-40、图2-41)中重要的位置上,比如分心、挑心等。此外在明代地位显赫的家族中,女性的装扮很能凸显礼制与装饰题材的制度化。《明史·舆服志》[①]中记载:"命妇冠服:洪武元年定,命妇一品,冠花钗九树。两博鬓,九钿。服用翟衣,绣翟九重。素纱中单,黼领,朱縠褾襈裾。蔽膝随裳色,以緅为领缘,加文绣重翟,为章二等。玉带。青袜舄,佩绶。二品,冠花钗八树。两博鬓,八钿。服用翟衣八等,犀带,余如一品。三品,冠花钗七树。两博鬓,七钿。翟衣七等,金革带,余如二品。四品,冠花钗六树。两博鬓,六钿。翟衣六等,金革带,余如三品……"

图2-35　帽顶
(湖北省博物馆)

[①]张廷玉等,1990. 明史[M]. 长沙:岳麓书社.

图 2-36　云形金镶宝石饰
（湖北省博物馆）

图 2-37　葫芦形金耳环
（蕲春县博物馆）

錾花工艺

图 2-38 双龙戏珠纹金凤冠顶
（蕲春县博物馆）

图 2-39　金"大黑天"舞姿神像
（湖北省博物馆）

錾花工艺

图 2-40　金镶宝石摩利支天挑心
（蕲春县博物馆）

图 2-41 "四马投唐图"金分心

(蕲春县博物馆)

錾花工艺

到了清代又出现了立体镶嵌，如金瓯永固杯上錾的花朵上镶嵌着的珍珠等宝石，使整件作品更加出彩。这件金杯的设计及加工皆属上乘。与唐宋时期相比，清代錾花工艺更加细腻，细节处理更加讲究，材料选择更加丰富和名贵，但器物整体款式、装饰审美却趋于固化，造型生硬，装饰的形式化十分明显（图2-42）。

综上所述，明清时期錾花工艺的特点有：①纹饰立体、厚重，工艺综合；②金银工艺与宝石镶嵌结合；③由于制度，工艺推广效果好。

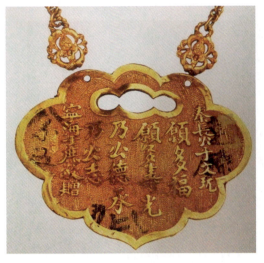

图2-42 清代多福多寿金锁

六、近现代

从19世纪末到20世纪中叶，在外部势力侵入和内部文化分裂的形势下，传统手工艺行业受到一定程度的破坏，发展停滞不前。直到20世纪中后期，我国政府将传统金银工艺进行大规模整合，一些艺术类院校将设计专业细分，錾花工艺才得到了恢复和发展。经济的发展也带动了首饰设计教育的蓬勃发展，新的理念对传统錾花工艺提出了新时代的挑战，这也是传统錾花工艺发展的机遇。我们可以先了解和学习工艺技法（是谓"传承"），然后用这些工艺和技法在现有的条件和当代的艺术背景下进行设计与制作（是谓"发扬"）。随着现代社会科学技术的发展和多元化的艺术创造，传统錾花工艺势必会绽放不一样的光彩。

近些年国内的众多文化单位、院校、企业对传统工艺投入了大量的人力、物力进行研究和宣传，如杨小林的《中国细金工艺与文物》、故宫博物院的《清宫后妃首饰图典》，分别从历史、审美的角度对细金工艺进行了系统的梳理，国内多数艺术类高校在教学、科研方面对传统工艺投入了大量资源，一些企业如潮宏基、百泰、周大福等也积极拓展、开发带有传统工艺元素的首饰及手工艺品的市场，很多优秀作品也横空出世（图2-43～图2-46）。从2017年开始，文化部、教育部、中国美术家协会等设立了相关基金、组织了相关展赛，旨在推动全社会关注传统工艺的保护与研究。虽然目前对于传统工艺的研究是百花齐放，但对于古代细金工艺品的审美以及工艺本身的造型特点和艺术表达仍有巨大的研究空间。

图 2-43 《黄鹤楼》（赵春明）

图 2-44 《和美》

图 2-45 《孔雀盘》（杨锐）

图 2-46 《胭脂盒》（杨锐）

第三章
錾花工艺相关工具

第三章 錾花工艺相关工具

錾花工艺的工具主要是錾子、錾花锤以及由不同材料制成的衬压铺垫物。不同造型和不同大小的錾子所表现的造型千差万别，一个造型多样、层次丰富的錾花作品离不开一支支形态各异的錾子。可以说錾子就是手艺人的宝贝，其本身就是一件伟大的艺术品。錾花工艺流传数千年，传遍祖国大江南北，各地区都形成了各自的工艺特点，相应的工具和技法的名称也有所差异（表3-1、表3-2）。虽然它们叫法各不相同，但大致可以将它们对应起来。由于本书中所用大部分资料来源于云南，而且云南大理白族自治州鹤庆县是目前国内外金银器手工艺从业人员数量最多、产量最大、工艺最全的地区之一，因此下文中錾子和技法的名称多用云南地区的常用叫法。

表3-1 京津、云南地区錾子名称对比

地区	錾子名称
京津	台錾、平錾、阳錾、直口錾、弯勾錾、采錾、戗錾、攥錾
云南	冲头、起形錾、压錾、线錾、弯錾（窝錾）、快錾、慢錾

表3-2 京津、云南地区技法对比

地区	起形	造形	平錾（錾细节）	镂空
京津	台活、起鼓	采、落	丝錾、飞錾	脱、戗活
云南	冲形	压花	走线、跳錾、洗	剔

一、錾子

1. 錾子材料

大量考古资料显示秦汉时期铁器开始发展，战国后期铁器开始大规模应用到战争中，当时的冶铁工匠掌握了固体渗碳制钢的方法。钢铁的冶炼和使用促进了社会生产力的发展，同时也为錾花工具提供了硬度高、韧性好的材料。发展至今，这些造型各异、功能明确的錾子，在材料选择上也更加讲究，有气门钢、碳素弹簧钢、钢板等。这些錾子通常都是由工匠自己制作。錾头依据被錾对象的具体造型而定，据此可以将錾子分为常用的通用型錾和特殊用途的异形錾。

1）气门钢

气门钢（图3-1）的材质在国内通常为40Cr、4Cr9Si2、23-8N等。气门钢经过淬火，刚度、强度都提高了，从而更加耐用。它通常是锇錾的首选材料。

优点：强度高，不易生锈，损耗低，适合做造型小巧的"花活"。

缺点：易开裂，韧性差，对淬火技术要求高。

2）碳素弹簧钢

碳素弹簧钢（图3-2）常用型号是65Mn、60Si2CrA。碳素弹簧钢加工性能好，热处理后可以得到较高的强度和较好的耐磨性，因而是制作錾刀的首选材料。

优点：具有优良的传力性能，能承受起形时较大力度的冲击。

缺点：易生锈。

3）钢板

钢板（图3-3）一般为45号钢。这种钢材是基本不含合金元素的高碳钢，碳含量一般为0.42%～0.50%，锰含量为0.50%～0.80%。

优点：是最常用的錾花工具材料，淬火容易。

缺点：易生锈。

图3-1 气门钢

图3-2 碳素弹簧钢

图3-3 钢板

2. 錾子的分类

由于工艺的特殊性，每位工匠会根据錾刻对象的造型以及个人的使用习惯而确定錾子的数量和錾子的造型。常年从事錾花工艺的师傅通常都有上百把錾子，很多相同类型的錾子可以有不同的宽窄、厚薄和大小。本书只是在有限的范围内列出一些錾子的造型，这些錾子（图3-4）仅仅是这个传承千年的古老工艺的冰山一角。

錾子通常长度在8cm左右，分为錾头（錾口）、錾柄、錾尾（图3-5）。

图3-4 錾子

图3-5 錾子结构图

錾头：是与被錾刻的金属表面接触的部分，錾头造型的不同决定了錾子的类型、功能。

錾柄：錾柄作为手持部分，长度依据使用者持握的习惯和錾花对象大小而定。有些工匠人习惯将錾柄中后部做成旋钮状，以增加工作中手指与錾子的摩擦力。

錾尾：是锤子敲击的部分。通过錾尾金属翻卷的程度我们可以判断哪些錾子是工匠经常用到的，也能判断他们擅长的技法或形制。在錾子淬火的时候，一般不会淬炼錾尾，这样便于力的传导。

笔者对錾子也做了相应的分类以方便理解。对于手艺人，錾子就是自己身体的一部分，它们在长时间的磨合中逐渐形成自己独特的面貌，而且不同地区由于錾花风格、文化习俗和使用目的的不同也形成了风格迥异的錾子文化。此外錾子数量多，名称和工艺手法也复杂多样，本书尽可能收集并不断完善。

在这里笔者按工艺流程将錾子分为起形用的錾子（起形錾）、造形用的錾子（造形錾）、錾细活用的錾子（细錾）、镂空用的錾子（脱錾）四大类。这四种錾子的区别主要是錾头的大小、造型和功能。但是不管是起形錾、造形錾还是细錾，它们的錾头基本都是围绕"点""线""面"三个基本形进行变化的，这也符合造型的基本规律。

1）起形錾

起形一般是錾花工艺的第一步。起形錾尺寸普遍偏大，可用来做高低起伏的效果。錾头厚重圆润，通常横截面积在1cm²左右，最大可达3cm²左右。

（1）以"点""面"为基本形的錾子有圆形冲头（台錾，图3-6）、水滴錾（图3-7）、枕形压錾（采錾，图3-8）。

（2）以"线"为基本形的錾子有慢线錾（图3-9）、弯錾（图3-10）。

图3-6　圆形冲头

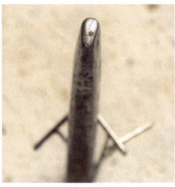

图3-7　水滴錾

图3-8　枕形压錾

图3-9　慢线錾

图3-10　弯錾

2）造型錾

造型通常是錾花工艺的中间环节，是具体造型的阶段，因此造型錾是在整个錾花过程中使用时间最长、频次最高、样式最多的一类錾子，主要是各种形状的压錾。造型錾横截面积通常在 $0.6cm^2$ 左右，具体尺寸要依据錾花造型样式而定，所以常会出现为錾某一特定纹样造型而定制的錾子。

（1）以"点"为基本形的錾子有点錾。

（2）以"线"为基本形的錾子有快、慢线錾（图3-11、图3-12），快、慢弯錾（图3-13）。快、慢是形容錾头的锋利程度，越快说明錾头越锋利，所敲击的造型越清晰。快錾錾头边缘锋利时也可作为脱錾使用，用于剔形。慢錾錾头边缘不锋利，越慢说明錾头越钝，所敲击的造型越饱满，并且在敲击金属表面时不易破损，常用于高浮雕錾花。

（3）以"面"为基本形的有各种压錾（图3-14）。

（4）雕金可用戗錾（图3-15）。

图 3-11 线錾

图 3-12 快、慢线錾

图 3-13 快、慢弯錾

錾花工艺

图 3-14 压錾

图 3-15 戗錾

3）细錾

錾细活的錾子，统称为细錾。细錾一般用来錾非常精细的纹或细节造型，通常是在錾花工艺最后阶段使用。在对纹饰基本造型塑造完成后，工匠会用更加小巧、造型丰富的錾子对造型细节作最后精细化的处理。这些錾子的横截面积一般在 0.3cm² 左右。北方地区錾花工艺品大多精美、细腻，工匠们认为底纹的表现非常重要，因此在北方出现了很多錾头有锦地纹的錾子，可称之为印錾（锦地錾）。

（1）以"点"为基本形的錾子有套珠錾、点錾等。

套珠錾：这类錾子在北方被称鱼子地儿，多用于处理背景图案，刻画眼睛、水珠等造型（图 3-16）。它的錾头外轮廓多为正圆形，向内凹陷，大小根据具体表现的对象而定。现代錾花工艺技法表现多样化，套珠錾不再拘泥于錾特定纹样，还可用于表现不同机理。

点錾：用于打点、做肌理。錾头是点状（图 3-17）。

（2）以"线"为基本形的錾子有快、慢线錾，快、慢弯錾（同造形錾），组丝錾等。

组丝錾：这类錾子多用于塑造多线条造型。錾头上一般有 3～4 根棱线（图 3-18），可称为三线錾、四线錾。大小根据具体表现的对象而定，横截面积最小为 0.15cm² 左右，所錾出的细线如同丝绸。

图 3-16　套珠錾錾刻的纹样及套珠錾

錾花工艺

图 3-17　点錾

图 3-18　组丝錾

（3）以"面"为基本形的錾子有各种压錾、印錾。

压錾（采錾）：这类錾子的錾头无花纹，多用于塑造形体使用频率高，有大小之分，錾头横截面积为 $0.2\sim0.4\mathrm{cm}^2$。常见的有梯形压錾（图 3-19）、斜錾（偏口，图 3-20）、马眼形压錾（图 3-21）、水滴錾（图 3-22）。

常见印錾有卡錾（图 3-23、图 3-24）、鳞錾、松针錾、麻点錾、枣花錾、卷纹錾等。

鳞錾（图 3-25）多用于传统纹样中龙或鱼身的表现，錾头大小根据具体表现的对象而定。在现代錾花工艺中，鳞錾常用于表现多种肌理（图 3-26）。

松针錾（图 3-27）多用于表现传统纹样中松树的叶片，其錾头为扇形，上有棱线造型，也可用于肌理塑造。

麻点錾（图 3-28、图 3-29）使用频次非常高，錾头表面呈现麻点状，轮廓不固定，有圆形、枕形、水滴形、马眼形、柳叶形等。麻点錾多用于高起伏、多层次錾花的最后阶段，起修饰底面的作用。多层次錾花作品由于受周边丰富造型的影响，底面在压平过程中难免有压痕出现，影响工艺表现的整体效果，按照以往的处理方式，在视觉效果上，用麻点錾压出的麻点不仅起到遮瑕的效果，同时麻点所产生的漫反射效应可起到衬托上层主体物的效果。

卷纹錾：錾子和所錾纹样如图 3-30 所示。

第三章 錾花工艺相关工具

图 3-19 梯形压錾

图 3-20 斜錾

图 3-21 马眼形压錾

枣花錾制作过程

图 3-22 水滴錾

图 3-23 卡錾（大）

图 3-24 卡錾（小）

图 3-25 鳞錾

045

錾花工艺

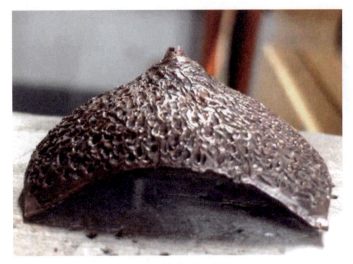

图 3-26 鳞錾表现的肌理

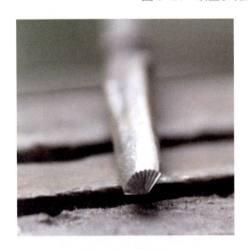

图 3-27 松针錾

图 3-28 麻点錾（1）

图 3-29 麻点錾（2）

图 3-30 卷纹錾

4）脱錾

这类錾子（图3-31~图3-33）用于镂空花纹和剪切器物边缘，通常錾头锋利，横截面可为直线形、弧形、圆形等。

其他异形錾见图3-34。

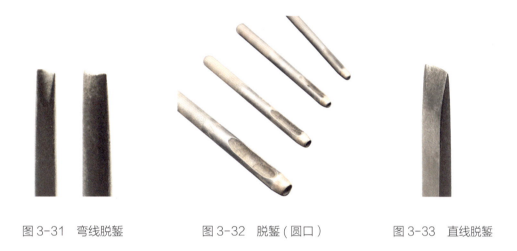

图3-31　弯线脱錾　　　　图3-32　脱錾（圆口）　　　　图3-33　直线脱錾

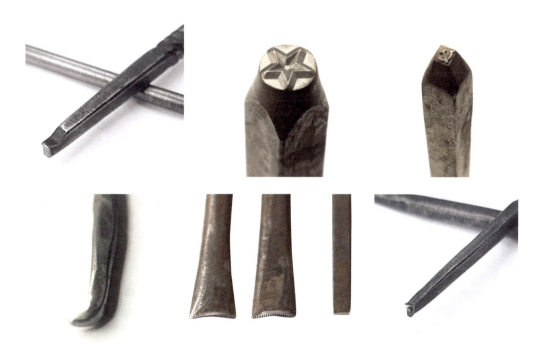

图3-34　异形錾

常用錾子及手绘图见图 3-35。

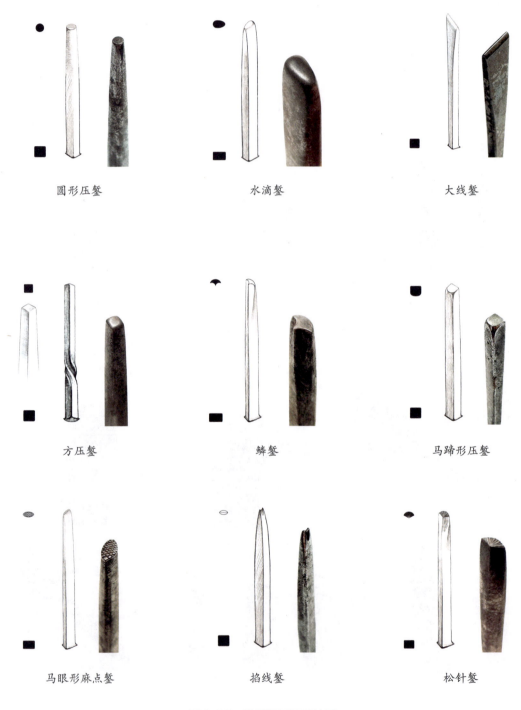

图 3-35　常见錾子及手绘图

第三章 鏨花工艺相关工具

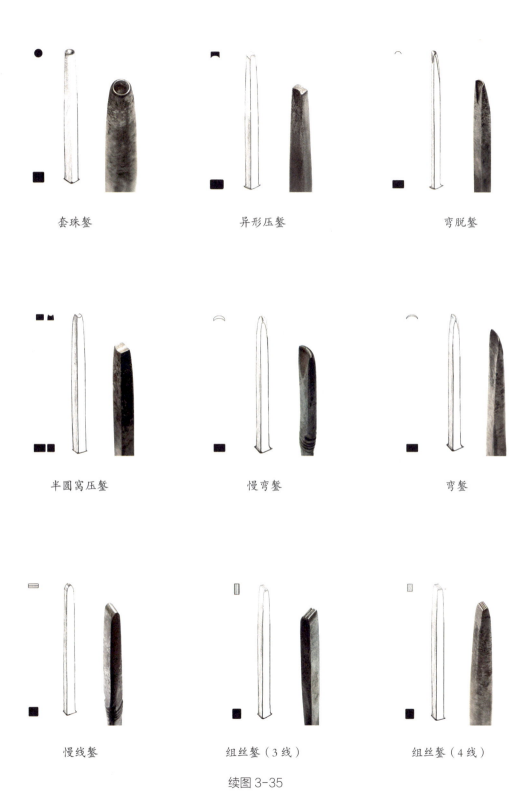

套珠鏨	异形压鏨	弯脱鏨
半圆窝压鏨	慢弯鏨	弯鏨
慢线鏨	组丝鏨（3线）	组丝鏨（4线）

续图 3-35

注意事项

一把称手的錾花锤往往可以用很多年，而錾子一般不仅数量大、种类多而且有一定的消耗。一名錾花手艺人往往会拥有上百把錾子，有的錾子可能极少用到，而有些錾子几乎每天都要用到。

南北方气候差异较大，南方比较潮湿，金属容易受潮生锈，所以对錾子进行有效保护至关重要，可使用油纸或者防潮布之类的材料定制袋子包装好錾子（图3-36）。

图3-36　定制錾子布袋

3. 錾子制作流程

1）錾子的制作方法

（1）将选好的钢板切割成小段（图3-37①）。如果是弹簧钢，则需要整体退火，将它拉直后，把圆柱体锻造成方条，长度一般在10cm左右。起形錾会粗一些，造型錾会细短一些。

（2）退火，用锉或者砂轮机修出大形（图3-37②③）。

（3）使用细锉或者錾子对錾胚的细节造型进行修整（图3-37④）。比如水波錾、麻点錾、小卷纹錾，一般会用相应的錾子在修整好的錾胚上錾出需要的纹理。

（4）淬火（图3-37⑤）和抛光。

第三章 錾花工艺相关工具

图 3-37 錾子制作过程

錾花工艺

2）水滴錾的制作方法

以水滴錾为例展示錾子的制作流程。

（1）挑选大小粗细适合的钢条，将它切割成长10cm左右，并退火（图3-38①）。

（2）用大锉刀将钢条粗的一头磨平，并用铅笔在这头的横截面上画出水滴形。

（3）在砂轮机上进行大形打磨（图3-38②③），打磨时注意手持力度，要按照打磨机操作要求安全作业。

（4）用大锉刀和小锉刀对錾子进行具体形状的修整（图3-38④⑤）。

（5）将打磨好的錾子淬火和抛光（图3-38⑥⑦），完成水滴錾的制作，并在银片上试錾。

图3-38　水滴錾制作过程

4. 退火与淬火

退火：加热钢件至700℃左右，使金属表面呈暗红色，待其自然冷却，这种热处理工艺称为退火。退火的目的是消除材料中的应力，降低材料的硬度和脆性，提高塑性，方便之后的精细加工。在錾花之前，待錾金属要先退火，方便纹样塑造。制作錾子时，也要将金属材料先退火。

淬火：錾子在经过退火、修形、抛光等工序后制作成最终需要的造型，但此时錾子并没有足够的硬度和强度以承受锤子长时间敲击所带来的压力，容易变形或开裂，因此必须对錾头进行淬火以提高金属工件的硬度及耐磨性。淬火步骤如下。

（1）准备冷水或者机油（图3-39①）。

（2）将打磨好的錾子放置在操作台上（图3-39②）。

（3）可用长柄铁钳夹住錾子，用高温均匀加热整个錾子（图3-39③）。

（4）整体预热后，再集中加热錾头使之呈亮白色（图3-39④）。

（5）迅速将錾头放入冷水或冷油中，持续2～3秒立刻拿出，观察錾头部分，以出现白色或黄色、蓝绿色为宜（图3-39⑤⑥）。白色的錾头最硬，黄色次之，蓝绿色的錾头硬度适中，最适合用来錾花。

（6）待錾子均匀冷却后便可使用。

（7）用锉子锉錾头，若感受到光滑、无阻塞的锉感，表明淬火成功。

图3-39　淬火

注意事项

①在对錾子进行退火时，更多的是依赖于个人的经验，对温度的感知主要以观察錾子的变化为主，不必纠结于具体温度。在退火时，加热至錾子变暗红即可，不必一直烧至亮红色。

②淬火时，只需将錾头位置烧至亮白色，如同钨丝灯泡点亮后钨丝的亮白色。当錾头变成亮白色即可浸入冷水或冷油进行淬火。而錾尾仍处于退火状态，方便力的传导。

安全小贴士

①錾子退火、淬火时周围人不要打扰。

②退火、淬火时錾子处于高温状态，操作者应小心谨慎、沉着冷静地完成全部操作流程，避免误伤他人。

③退火、淬火后錾子须自然冷却，此时操作者应告知周围人，以防他人误拿而造成烫伤。

二、衬压铺垫物

錾花工艺是对金属表面进行塑造，使其表面产生有规律的凹凸不平效果的一种工艺，其原理是利用金属的反作用力抬升、挤压金属。因此，金属片下面的衬压铺垫物就起到了关键的作用。在錾花过程中，对金属冲形时，可将它置于衬压铺垫物上进行加工。在漫长的历史进程中，錾花工艺品的造型从简单到复杂，其中也包含了历代工匠对衬压铺垫物各种材料的不断摸索。常用的衬压铺垫物有以松香为主材的胶、铅、沙袋等。从目前文物的工艺形制可推断，宋代人所选用的衬压铺垫物已经与现代极为相似。这种材料是以松香为主材，再加入适当比例的粉状物，如大白粉（腻子粉），以及一定比例的食用油，并用小火慢熬，最后形成的一种灰白色、浅黄色的胶质物，这种胶广受工匠青睐。随着科技的进步及錾花工艺品自身造型的演变，出现了新的衬压铺垫物，比如沥青。在熬制的胶中加入适当比例的沥青，会使胶变得更柔软。而且沥青比同等体积的胶更轻，非常适合敲制一些大型的器件。此外，铅和钢板也是非常常见的衬压铺垫物。每一种衬压铺垫物都各有特点，可依据器物本身的材料以及錾花造型的特点和要求来选择衬压铺垫物。

1. 胶

制胶（图 3-40）原料：大白粉、松香、食用油。称取 50g 左右食用油、500g 左右松香、1000g 左右大白粉放入容器（普通铁质容器），用软火慢慢加热容器，并不停地沿一个方向匀速搅动液体。投放顺序是松香、大白粉、食用油，配制比例可依据具体錾花的形制需要而定。通常用指甲掐按常温固化的胶质物，如有印痕则胶比较软，这样的胶适用于高浮雕、高起伏的錾花形制；反之没有掐痕且表面光滑的胶，更适用于平面化的錾花工艺。胶的软硬主要由松香占比的多少决定，松香越多越硬。熬制胶的时候，火候的掌握、材料的比例完全依赖于工匠多年的实践经验。以上的数据只能作为参考，想要真正掌握制胶精髓，熬制出好用的胶，需要大量的实践和经验的积累，这也是传统手工艺的魅力所在。

胶的使用方法如下。

（1）将熔化的胶倒在待錾的金属上，用软火一点点加热金属，使金属表面达到一定的温度，让胶与金属充分贴合，排出气泡，防止錾花时出现空鼓现象。如果是立体胎形，就把加热成糊状的胶从器物开口处灌入，直至灌满（胶一般与开口处持平）。待胶冷却成固体后，就可以在器物胎体上进行上錾花了。如果是平面造型，就把金、银、铜片材铺在胶板上。

（2）錾刻完毕后，用软火或者烤箱将錾花后的金属一点点升温。如果是立体胎形，需要缓慢加热器物的开口（图 3-41），使胶缓慢从开口处流出。

图 3-40　胶

图 3-41　退胶

錾花工艺

2. 铅

由于铅较柔软、密度大，因此在现代錾花工艺中经常会用铅作为衬压铺垫物，但其本身也有一定的缺陷，它在高温下易挥发，会对人的身体造成损伤。另外，液化的铅对金和银有腐蚀作用，所以需要提前在金银表面涂抹石灰粉、墨汁等隔离剂。因此对铜片进行錾刻时常使用铅作为衬压和固定物。铅作为衬压和固定物使用方法如下。

（1）将紫铜片退火，用起形錾冲出所要錾的形状（图3-42①），并将待錾物体的边缘修平整。

（2）将铅块放入锅中，用大火直接对准铅块，将其熔化。将待錾的金属底面朝上放置在潮湿的细沙中并留出一定空间，使之与沙之间形成一个凹槽。

（3）将铅水缓慢倒入槽内（图3-42②）。

（4）缓慢倾倒铅水直至填平沙槽（图3-42③）。

（5）待铅水冷却后和紫铜片一起取出备用（图3-42④）。

图3-42 倒铅

3. 沙袋、钢制錾花板、沥青

沙袋（图 3-43）是将沙子或者去皮的谷物（一般用大米或者黄米）洗净晒干后装入粗布口袋制成的。装满即可，不用压实。大小依据个人习惯和器形而定，横截面积一般在 20cm² 左右。沙袋使用起来比较方便，还可以对灌满胶的器物起到固定的作用。

钢制錾花板（图 3-44）也是近年来錾花行业中常用到的衬压铺垫物。一般由高强度钢车铣制成，多为长 25cm、宽 15cm、厚 8cm 左右的钢块。錾花时在光滑平整的钢制錾花板操作面两边设有夹具，用来固定待錾的金属片。钢制錾花板多用来錾几乎没有起伏的纹样。

沥青衬压铺垫物（图 3-45）的制作方法与制胶类似，是在制胶的过程中减去一定量的大白粉，加入少量沥青。沥青作为衬压铺垫物的优点是更轻，便于錾较大的器形。缺点是对身体有损伤，一般很少使用。

图 3-43　沙袋

图 3-44　钢制錾花板　　　　　　　图 3-45　沥青

鏨花工艺

三、鏨花锤

鏨花锤（图 3-46）分大小不同的型号，可依据个人习惯选择不同大小的鏨花锤。小号锤通常在 200g 左右，大号锤在 300g 左右。中西方鏨花锤的锤形有较大的差异，西方的鏨花锤敲击鏨子的那一头为一个较大的近圆柱体，另一头为小的半球体，而中国传统的鏨花锤与一般的锤子没有较大区别，只是在敲击鏨子的那一头有方头和圆头之分（图 3-47）。

方头锤通常在鏨花起形或者是一些细节的锻造打形中使用。圆头锤通常用来鏨花，使用时可以用圆形锤头或锤头的侧面轻轻敲击金属，以进行精细鏨花。锤柄与锤头之间的夹角并非 90°，而是 85° 左右。

图 3-46　中西方鏨花锤

图 3-47　方头锤、圆头锤

握锤方式：握锤不分左右手，也没有固定的抓握方式，只要注意以下几个要点即可。

（1）握锤时手位于锤柄的中后部，利用杠杆原理，以手腕关节为中心，便于发力和掌握敲击力度。

（2）不要五指并拢抓握锤柄，錾花讲究的是锤头击打錾子的力度和角度，犹如书法中手握毛笔，依靠手指与手腕运笔。握锤时，手握锤柄，可参考图3-48，将手指放在对应的位置，掌握发力角度及方式，自行感受其中的微妙。

（3）錾花中"锤工"非常重要，它没有特定规矩，全凭经验。因此，一定要掌握敲击的急、缓、轻、重，不要刻意瞄准錾子敲击。錾花时需要两手相互协调，调整好呼吸，抛开杂念，用心感受敲击的力度和节奏。

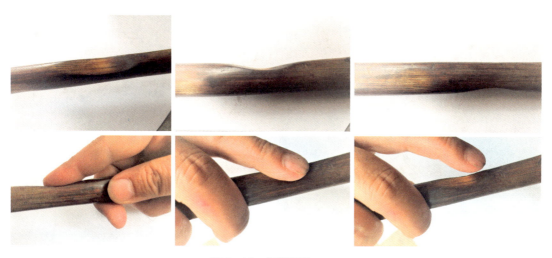

图 3-48　握锤姿势

四、其他相关工具

錾花的完成还需要相应的辅助工具和设备，随着技术的进步，很多工具大大提高了錾花的效率和质量，比如制作錾子时常用到的三爪卡盘（图3-49）。此外，錾花对象的大小、精细程度不同，所用工具也不同，在錾大型的造型纹样时，比如錾一扇门大小的纹样时，就需要用到锻造工艺中的各类铁砧、造型锤等。图3-50～图3-56是与錾花工艺相关、起辅助作用的工具。随着技术的进步，新的工具也会被开发出来。

錾花工艺

图 3-49　三爪卡盘

图 3-50　多种常用锤

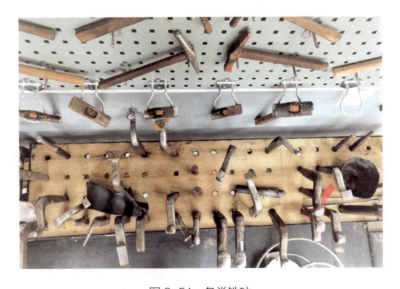

图 3-51　各类铁砧

第三章 錾花工艺相关工具

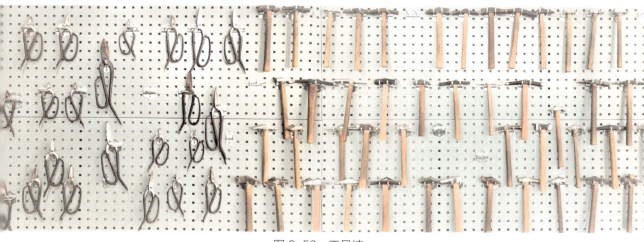

图 3-52 工具墙

图 3-53 焊药

图 3-54 清洗工具

图 3-55 自制铁砧及工作柱

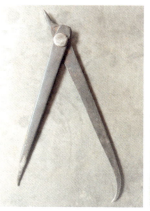

图 3-56 圆规

注意事项

①增强同理心，尊重手艺人。常用的錾花工具，包括錾子和锤子基本都是工匠亲手打造，常年使用的。在工匠做活的时候，旁观者未经允许，不要轻易动他们的工具。因为每一位手艺人都有自己的作业方式和工作节奏，尤其是从业多年的手艺人。他们在做活时会将每把錾子的位置、錾子的数量都印在心里，拿取錾子已经产生了肌肉记忆，外人不经意的小动作、好奇心都会破坏他们的工作状态。

②焊药的运用。在錾花工艺中一般很少用到焊药。一旦发现錾漏、敲破的情况，需要立即停止錾活，用焊药修补后才能继续作业。与雕金工艺不同，錾花时依靠的是金属的延展性对金属产生的拉伸力，一旦有破裂就会破坏金属内在的拉伸力，影响形体的塑造。所以如果发现有小裂隙应及时焊接，如果是破洞就用相应大小的金属片焊接修补好，此时不能依靠焊药填补破洞。

安全小贴士

①胶作为立体胎形器物的衬压铺垫物时退胶过程中切记不要先加热非出口以外或者没有胶的位置，以防止由于内部融化的胶产生的高温无法排出而产生爆炸。

②锤头靠锤柄、铁锤和木头的张力固定，它们在长时间敲击震动下会松动。若发现锤头松动要及时加固，防止锤头脱落、甩飞而损伤作品和威胁周围人的安全。

③胶的调配材料中有松香和食用油，因此降温比较慢，配胶时一定不要用手去触碰试温，以免胶粘在皮肤上，造成皮肤烫伤坏死。

④依规操作，规范着装。融化铅的过程中，要穿长衣长裤、耐高温鞋，防止倒铅水时溅洒在身上，造成烫伤和铅中毒。

第四章
錾花工艺的基础技法与工作场景

一、基本技法

錾花工艺本质是运用工具对金、银、铜等金属表面做高低、疏密不同的空间造型,通过锤子和錾子的配合,运用冲形(台活)、压花(采、落)、走线(平錾、勾)、剔(脱、戗活)等工艺手法创作不同造型的装饰纹样。

1. 冲形

冲形又称为"台活",是做浮雕造型常用到的技法。为了塑造形体的空间感,要先从背面将金属片冲起到正面图形需要的大致高度。在冲形的过程中,要根据纹饰面积的大小和层次的高低来确定金属片的厚度,浮雕效果越明显,金属片越厚,通常厚度为0.7mm左右。冲形通常选用錾口形状为圆形、方形和水滴形的起形錾。冲形一般有两种方法:一是用起形錾手工将金属片冲出基本大形;二是用提前制作好的金属模具冲压出待錾纹样的基本形。具体操作方法如下。

1)手工冲形

(1)利用金属的延展性,用起形錾、錾花锤等工具从背面对金属片进行敲击,使其达到正面图形需要的大致高度,通常用于高浮雕(图4-1)。

(2)从正面用线錾依照待錾图形进行走线,再通过压錾沿图形外切线将线的外边缘压平,利用金属的延展性和胶的挤压力使中间待錾图形凸起,通常用于浅浮雕。

图4-1 手工冲形

2)模具冲形

(1)传统模具冲形一般使用熔点低、硬度高的锌作模具(图4-2)。运用翻砂技术制作出待錾器形的锌制阴阳模具,再将退过火的金、银、铜片放置其中,通过捶打,压出待錾器形的基本大形。

模具冲形简单易操作,但锌制模具使用次数有限,通常压印几十次金、银、铜片后,模具上的凹凸造型就模糊不清了。

图4-2 传统模具

（2）现代冲压模具（图4-3）：利用计算机数控（CNC）系统3D扫描技术或车铣技术，制作出高硬度的钢制阴阳模具，再将退过火的金、银、铜片放置在阴阳模具中间压模。现代模具冲形有以下特点。

①钢制模具往往硬度高、细节清晰，通常一套模具即可保证产品的大批量生产，但制作模具的价格高，需要考虑投入产出比。

②操作简单，可单人完成，技术门槛低，生产速度快，人工成本大幅度降低。

③压出的浮雕金属片细节纹饰更清晰，可减少后期二次手工錾花的次数，提高工作效率。

图4-3 现代冲压模具

注意事项

①铅对于金、银有较大影响，所以用模具压印时多用胶皮垫，胶皮垫数量和厚度可依据所需要冲出的高度决定；铜片可以用铅块作为衬压铺垫物。

②金属片突出的高度与它的厚度成正比，抬升越高的金属片要越厚。金、银、铜的延展性也不同，金的延展性最强，银次之。但金属的延展性是有限度的，而且要预留出錾活作业时的厚度。一般錾活强度较大，造型多变、肌理丰富的金属片厚度为0.7mm左右。

2. 压花

压花又称"采""落"，是冲形的下一步，是在凸起的造型表面作业。压花也是造形的过程，即运用不同錾子将抽象的凸起变成具体的造型。作业时依据花纹的空间结构，通过錾头形状不同的錾子处理图形的空间细节，体现翻转折叠的造型在空间上的变化。压花有以下特点。

①通常对于高浮雕纹样起到丰富造型、刻画细节的作用（图4-4～图4-6）。

②冲形已经可以使金属表面呈现出起伏变化，但这时的造型用行话来说"显得肉"，需要通过压花让造型显得更清晰（图4-7）。

③压花工艺对纹样起到提亮、抛光的作用。

④压麻也属于压花的范畴。光滑的底面压麻后，表面对光产生漫反射，呈现不同层次的表现效果（图4-8）。

⑤很多印錾也可用来压花，比如北方錾花工艺品中很多精美且具有形式感的底纹图案就是通过印錾来完成的。

图4-4 细节塑造

图4-5 小压錾找平

图 4-6　压花

图 4-7　压花后具体的造型

图 4-8　瓦顶压花及用的錾子

3. 走线（平錾、勾）

走线也称为"平錾""勾"，就像中国画中的线描一样，只是这时的毛笔变成了不同形状的线錾。通常在走线之前先直接在被錾的金属片上描绘出待錾的纹样或将在纸上画（打印）出的待錾纹样粘到金属片上，再用线錾沿线进行二次"勾画"（图4-9、图4-10）。熟练的工匠也会直接在金属片上走线。

图4-9　火纹

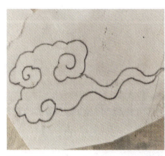

图4-10　祥云纹

第四章　錾花工艺的基础技法与工作场景

通常高浮雕的造型会用慢线錾进行走线，这样在金属表面压出的棱线会比较宽厚，有利于之后金属的延展和抬升。在錾花的过程中，可依据造型随时进行走线，它不仅可以"勾形"，而且在之后的形体塑造、肌理表现中也可进行走线。运用快线錾走线，可錾出细腻的线条来表现纹样的疏密，用组丝錾可表现毛发和植物纹理（图4-11）。

图4-11　用组丝錾錾出的纹理

4. 剔（脱、戗活）

剔要求錾口锋利。剔在西方也称"雕金工艺"，近似于平錾的效果，它的本质是对金属作减法。

剔也称为"戗活""脱"，古代称为"镞镂"，是一种可以在金属表面做镂空效果的工艺。由于古代没有钢制锯条，要在金、银、铜上做镂空效果，就需要用錾头锋利的錾子錾断金属。这类型的錾子也称"快錾""脱錾"。使用它们时，若用力较小，可在金属表面錾出很细的线；若用力较大，则可錾断金属。顺花纹边缘錾花，又称为"脱口"。

在錾花工艺中，以上提到的冲形、压花、走线、剔等是最常用的技法，都包含着千百年来各地区手艺人总结出来的经验。随着工艺材料的进步，不断出现新的工具和技法。总之，錾花工具造型多样、千变万化，作为錾花工艺的主导者，我们不能停滞不前，但也不能被物所累。精美的花纹和玄妙灵动的空间造型离不开勇于创新、执着的精神。

二、工艺流程

錾花工艺发展至今有千年的历史，其方法不断完善，但基本的工序没有大的改变。不同地区根据传承路径和各自习惯在方法和流程上会有细微的差别。基本工艺流程如下（图4-12）。

①放样：将纹样绘制在金、银、铜表面，或者将打印好的线稿转印在金属表面。

②选择衬压铺垫物：胶、铅、沙袋、钢制錾花板等。

③起形：如果是高浮雕，需要冲出起伏空间后再进行一次退胶和灌胶。退胶、灌胶是在錾花过程中可重复进行的工序，重复的次数要看手艺人的技术水平及纹样的复杂程度。

④造形：用不同的錾子在胎形上錾出丰富的纹样，这里也包含压花处理细节的过程。

⑤修形、攒焊：将錾好的部件退胶、并检查它，如有錾漏、开裂或者需要组装的地方，修形后再进行焊接组合。

⑥抛光：进行表面处理。

第四章 錾花工艺的基础技法与工作场景

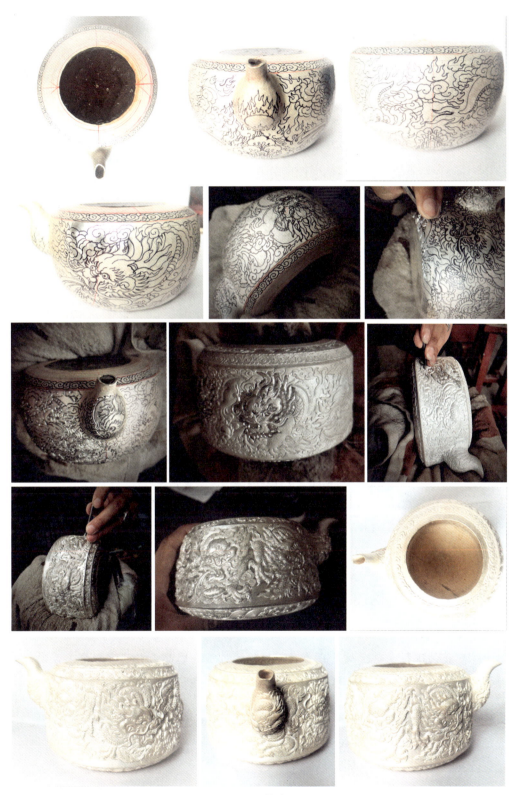

图 4-12 工艺流程

三、工作姿态

錾花时人的姿态、动作对錾活的效果有极大的影响。不正确的姿态还会造成工作疲劳,影响身体健康和作业时的安全。工作姿态(图4-13)依据工作场景不同略有不同,但基本要点一致。

①身体要保持直立,两腿自然向两侧分开,姿态以舒适为宜。

②使被錾器物位于胸前位置,与胸的距离一般在20cm左右。

③一手拿錾子,一手握錾花锤,手臂与手呈自然环抱状态,并将被錾器物置于视线之内。

④錾活时錾尾向外倾斜,锤子自上而下、由外向内敲击錾子,保持被錾刻器物一直位于视线内。

图4-13 工作姿态

注意事项

①錾花的过程也是金属片应力不断变化的过程,因此退火非常必要,否则金属片的硬度会影响錾花的质量和效果。

②在錾花手工业生产中,一般采用流水作业。比如,起形、模具冲压由同一个人完成,还有专门负责錾刻某一造型的手艺人、负责抛光的工匠。这样可以提高效率,錾的纹样也可以保持整齐一致,提高产品产量和质量。

③錾花作业时忌跷二郎腿等不雅坐姿。

四、工作场景

经过千年的演进，錾花工艺已发展成较为独立的金属制作工艺门类，它所需要的空间没有特殊限制，对设备也没有特殊要求，与大部分金属工艺类似。錾花时的空间相对独立、空气流通和可明火作业即可。通常錾花工艺与锻造工艺、花丝镶嵌工艺联系比较紧密，工作室也通常设置在一起。目前錾花工艺的工作场景主要有各级别传承人、工艺美术师等的个人工作室，专业院校的实验室。

1. 个人工作室

在国内，民间的錾花工作室又称工作坊（图4-14），有着强烈的时代特征和地域特征。北方地区民间工艺大师大多来自国营工艺品厂。20世纪90年代前后国营工艺品厂解体后，各个生产车间的工艺师自由组成工作小团体，其工作模式、使用设备、工作场景基本沿用原先的模式。

图4-14　个人工作室

錾花工艺对环境要求不高，个人的工作台的空间因人而异，由于大部分錾花的器型相对较小，工作时对周围影响不大，所以工作台主要是考虑手艺人在錾花过程中的状态和姿势的舒适度。通常一个工位在0.5m²左右，大多工作室空间在30m²左右。工艺师一般在5人左右，依据工作室产品品类的需要，通常錾花师傅和花丝镶嵌的师傅组合，锻造师傅和錾花师傅组合，成立小的工作室，再辅以1～2名学徒做备料辅助工作，整体呈现出小而全的特点。錾花过程中更多的是依靠师傅常年的技术经验和工种间的配合。

錾花工艺

随着国人越来越看重首饰的民族化与个性化，很多大型生产企业开始加大对带有传统工艺元素首饰的开发。大多有能力的生产企业会按照现代企业管理和生产模式，并依据传统工艺的特点，建立相对独立的传统工艺研发和生产空间。在人员方面，他们一方面聘请经验丰富的老师傅定制特别款式，跟设计师一道攻克技术难题，另一方面引进电脑建模设计师，运用现代生产技术，模拟传统工艺形式，整体显现出市场化、产品多样化、各部门高效运转的特点。

近些年国家对非遗文化保护的力度不断加大，以云南、贵州、西藏等地区为代表的金银锻制手工艺迅猛发展。如云南大理白族自治州鹤庆县对银器锻制非遗保护力度的投入很大，经过十多年的持续投入，现已发展成为享誉海内外的银器之乡。当地工匠以家族为单位，大体上沿袭师徒制，并随时代发展有所改进。当地行政部门充分把握国家一系列振兴扶持政策兴建工坊和临街店面，以前店后厂等多种形式大力推广传统工艺的生产活动。这些民间手艺人大多使用加工过的树桩（依据操作人员的经验与工作习惯相应改变）和低矮的座椅进行作业（图4-15），这些装备会让他们的颈部、躯干与手臂在长时间的工作中保持相对舒适的状态。一个30m²左右的錾花工艺和锻造工艺工坊，1/4用来做錾花工艺的操作空间，其余空间靠墙放置安放锻造用工具的工具架。

每家工坊会根据各自的工艺特点招收学徒，通过"以老带新、以工带学"的模式运行。

图4-15　鹤庆家族式的工坊

当地金银器加工业整体特点为：①师徒制＋现代化管理；②每家每户专一化、专业化生产；③工坊与工坊之间联动的金银器手工业加工模式。

2. 专业院校实验室

改革开放40多年，国家对高等教育提出了新的发展要求，传统文化、课程思政纳入众多专业学科的建设中。目前全国开设珠宝首饰类专业的院校有100多所，其中绝大多数都相继开设了传统工艺类课程。中国地质大学（武汉）珠宝学院于2012年进行课程改革，开设了錾花工艺、花丝工艺、珐琅工艺等传统工艺类课程，并按照高等院校实验室建设要求及特定工艺的具体需求，建立了传统工艺实验室。

国内专业院校的錾花工艺实验室（图4-16）的建设以能满足自身教学要求为主，并要做好安全防护工作。錾花工艺工作台类似于首饰工作台，但高度更低，更适合学生实践练习。除工作台外，錾花工艺实验室和设备间还有很多相关的工具和设备（图4-17～图4-20），具体特点如下。

①实验室要有足够的工作台，能同时容纳一个标准教学班。
②工作台位要符合錾花工艺作业的特点，并方便教师教授、学生学习。
③实验室能满足錾花作业相关需求，如能进行退火、冲压、锻造、打形等操作。
④要充分考虑实践教学中各类型安全问题，如防火、防意外创伤等。

图4-16 錾花工艺实验室

錾花工艺

图 4-17　铁砧

图 4-18　台虎钳

图 4-19　抛光机局部

图 4-20　设备间的工具和设备

专业院校的教学模式有两种：一种是专业实践课程，另一种是与校外工作室联合开展的研习、创作项目。近十几年来，专业院校在传统錾花工艺的传承与发展中起到越来越重要的作用，其教学具有系统性、专业性、实践性和理论性强的特点。教学中的传习模式能够使学生较系统、多层次地学习錾花工艺的理论知识和实践技能，对于传统手工艺的传承和创新起到积极的助推作用。

第五章
錾花工艺教学案例

在学习錾花工艺的过程中，可通过錾云纹、花卉、山水等传统纹样快速熟悉工具，并在了解基本技法的同时感受金属起伏而呈现出的高低层次和光影效果，直观感受錾花工艺的艺术性。从古至今，錾花的内容丰富，技法众多。常见题材中，花卉有牡丹花、梅花、柿蒂花等；动物有狮子、龙、凤、蝙蝠、飞鸟等；人物有八仙、侍女、童子、罗汉等，但近代錾花作品中人物题材越来越少；此外还有一些抽象的吉祥纹样或者祥云、山水等。

图5-1　云纹

一、云纹

1）放样

在银片上用铅笔、油性笔等勾线工具绘出所要錾的纹样，或者将打印好的图纸粘贴在银片上。这些纹样可以非常具体，也可以是大概的图形或结构线，主要依据手艺人自己的要求进行绘制。

云纹是中国传统纹样，谐音"运"，以云纹装饰器物可表达人们对美好生活的向往。图5-1中云纹多由流畅弯曲的线条组成。放样时不仅要绘制云纹基本外形，还要在内里勾勒出层叠的效果，丰富视觉感受。

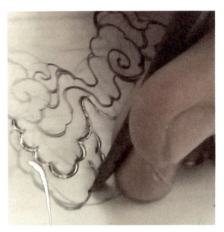

图5-2　云纹外轮廓走线

2）走线

用直錾和不同弯度、不同大小的弯錾将银片上的纹样线条錾一遍。主要是用慢直錾和慢窝錾錾纹样中大的结构线和起伏层次最明显的线。用慢錾有利于之后在银片上做出空间的抬升。用弯錾錾云纹（图5-2）时，对于云纹中心卷头部分（图5-3），因其弯曲幅度较大，走线时可将弯錾一头轻轻抬起，这样可使走线更加流畅自然，錾出逐渐变小的螺纹线。

图5-3　云纹卷头走线

图 5-4 中的左边两把有凹口的錾子为弯錾，右边两把錾头平直无起伏的为线錾。走线过程中弯錾与线錾要相互配合使用。

在錾花的过程中，尤其是在所錾的纹样需要有一定浮雕感高度的情况下，反复多次的上胶、退胶是必不可少的。第一次走线后（图 5-5）将银片从胶盘上取下，这时从背面（图 5-6）可以清晰地看到纹样的结构线和大概的轮廓。

3）齐线压平

走线后，银片上只留下下陷的痕迹，这时需要将银片正面朝上放在一个平整的钢板上，用錾头呈圆形或方形的压錾，沿外轮廓线将纹样外的区域錾平（图 5-7）。随着敲击的作用，没有被压錾压过的纹样会自然地抬高。

注意正面边角处也都要压下去，可用小号水滴形压錾压平，使主体造型看上去完整清晰（图 5-8）。

对比走线后银片的背面图，齐线压平后，主体云纹部分更加向外凸出且更清晰（图 5-9）。

4）背面冲形

待银片退火变软之后，根据已经錾好的纹样的线条，挑选合适的起形錾，通常选用錾头为球形、水滴形的压錾或者其他慢錾，将纹样中未来最高的位置或者空间造型最丰富的

图 5-4 走线所用錾子

图 5-5 走线后云纹（正面）

图 5-6 走线后云纹（背面）

图 5-7 压錾齐线压平

图 5-8 主体造型清晰

图 5-9 齐线压平（背面）

区域从背面冲出（图5-10）。在云纹中，整体造型围绕卷头部分高高耸起，卷头部分处于最高处。注意按照自上而下、由内到外的层次关系一层层冲出，这样可使层次关系清晰明确。并且注意不要用力过大或者在同一点反复敲击，因为这样会导致银片变薄或者破裂，影响后续的制作。

5）齐面压平

从云纹边缘起，用麻点錾或压錾向外将周围凹凸不平的区域压平整，遮盖瑕疵，明确主体纹样。

此时纹样更加层次分明（图5-11）。

图5-10　背面冲形

图5-11　齐面压平后云纹（正面、背面）

6）正面大形走线

用弯錾和线錾对云纹造型再次进行精确刻画，使因背面冲形而模糊不清的造型结构线更清晰。在需要更多抬升的地方，如云纹卷头处可以多次走线或更深地走线（图5-12），为压花做准备。

正面大形走线完成后，此时云纹造型更加清晰，但是内里仍然起伏不均，须通过后续压形进行修整。

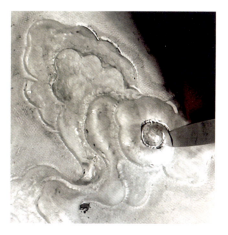

图5-12　正面大形走线

鏨花工艺

图 5-13　小压鏨压形

图 5-14　大压鏨压形

图 5-15　小压鏨找平

7）压形

先用小压鏨对云纹起伏部分进行深入塑造（图 5-13）。如为了明确空间层次，可以沿着每一层云纹边缘处自内向外压花，这样能得到更立体的造型，空间对比也更加强烈。

再用大压鏨从小压鏨压过的区域出发向外压平剩余部分（图 5-14），注意要一层一层压平，明确空间层次关系。

8）小压鏨找平

用小压鏨将之前鏨刻所造成的压痕压平（图 5-15）。

局部完善后，从侧面（图 5-16）可看出最初走线所做出的层次经过压花处理后有了清晰的空间关系（图 5-17）。

第五章 錾花工艺教学案例

图 5-16 云纹局部

图 5-17 云纹完成图

錾花工艺

图 5-18　火纹绘片

图 5-19　走线后的火纹

图 5-20　走线后银片（背面）

二、火纹

1）放样

放样方法同云纹。火纹是中国传统纹样，图 5-18 中火纹形象是四射的火苗围绕中心的旋涡火团排布。靠近旋涡中心的火苗线条中卷曲的火团与如云一般飘逸的火苗造型是火纹的最大特点，绘制时须凸显其造型特征。

2）走线

用慢线錾和不同弯度、不同大小的慢弯錾将银片上的纹样线条錾一遍，主要是錾纹样中大的结构线和起伏层次最明显的线（图 5-19）。用慢錾有利于之后在银片上做出空间的抬升。第一遍走线完成以后，进行第二次走线，目的是把第一遍走线所产生的不均匀的凹坑錾平，称为"洗地"。火纹中心是卷头形纹样，可用弧度较平缓的大弯錾或线錾走线，其余部位的曲线较短且弧度较大，则可用小弯錾。走线时线与线交接处须紧密接合。

火纹属于有一定浮雕感的纹样，所以需要反复上胶、退胶。走线后将银片从胶盘上取下，此时从背面（图 5-20）可以清晰地看到纹样的结构线和大致的轮廓。

3）齐线压平

将银片正面朝上放在一个平整的钢板上，用錾头呈圆形或方形的压錾，沿外轮廓线将纹样内的区域錾平（图5-21）。此时可用麻点錾将火纹周围凹凸不平的银片錾打压平，做出哑光质地，使火纹更加清晰，且随着敲击的作用，火纹也会自然地抬高（图5-22）。从背面（图5-23）看，压平后的火纹更加清晰。

图5-21　齐线压平

图5-22　齐线压平（正面）

图5-23　齐线压平（背面）

錾花工艺

图 5-24　小压錾背面冲形

图 5-25　大压錾背面冲形

图 5-26　冲形完成后正面图

4）背面冲形

为了让纹样的正面高低起伏更明显，要从背面先用球形或方形小压錾将火纹中比较尖的角进行冲压錾打（图 5-24）。注意不要用力过大或者在同一点反复敲击，因为这样会导致银片变薄或者破裂，影响后续制作。

在局部造型冲压完毕后，用更大的压錾对火纹进行整体的抬升。以火纹的旋涡中心为视觉中心点，将其作为最高处从背面用大压錾冲出（图 5-25）。

火纹主体部分都应用錾子从背面进行冲形，形成凸起，同周围平面部分形成高低对比，也为后续压花打好空间基础。

背面冲形完毕后退胶，此时在正面可看出火纹有了一定的浮雕感，但是因为高低起伏并不规整（图 5-26），第一次走线的造型边界变得模糊了，因此要从正面进行塑形。

5）正面大形走线

上胶前将银片退火，使其恢复软的状态。在冲形的基础上，再次以线錾或各种弯錾进行走线，明确纹样造型。

可用弯錾对纹样中卷曲的部分进行精细刻画（图5-27）。走线时，要尽量使线条流畅自然。

从正面进行大形走线后，此时可看出火纹仍然起伏不均匀，层次混乱，接下来则需要用压錾进行修整。

6）压形

先用大压錾压平凸出的造型，对纹样空间造型进行初步塑造（图5-28）。

再用小压錾塑造更精细的边缘起伏，如火纹的边界部分（图5-29）。

图5-30右边为方形大压錾，用于錾大形，左边为水滴形压錾，其尖角的造型更适合精细造型的刻画。

图5-27　弯錾錾火纹中卷曲的部分

图5-28　大压錾压形

图5-29　小压錾压形

图5-30　压形的錾子

錾花工艺

7）压花、修边

选择合适的小压錾对纹样进行压花。如火纹中较为尖细的火苗宜用小压錾修整造型（图5-31）。

选择合适的小压錾对凸出纹样的侧面进行修整（图5-32）。

用来压形、压花、修边的錾子如图5-33所示。

压形、压花、修边后火纹制作完成（图5-34）。

图5-31　小压錾压花

图5-32　小压錾修边

图5-33　用来压花、修边的錾子

图5-34　火纹完成图

三、山水纹

1）放样

绘制出水纹（图5-35）并放样，放样方法同云纹。

2）走线

用慢线錾和不同弯度、不同大小的慢弯錾将银片上的山水纹线条錾一遍，主要是錾纹样中大的结构线和起伏最明显的线（图5-36）。

图5-37中的4把錾子是錾曲线较多的纹样时常用到的慢錾。图中左起第二把最大的錾子为慢弯錾，錾头为很钝的弧形。

走线后将银片从胶盘上取下，此时从背面（图5-38）可以清晰地看到山水纹的结构线和大概的轮廓。

图5-35　银片绘图

图5-36　走线

图5-37　慢錾

图5-38　走线后银片（背面）

鏨花工艺

3）齐线压平

将银片正面朝上放在一个平整的钢板上,用圆形或方形的压鏨,沿外轮廓线将纹样内的区域鏨平,而没有被压鏨压过的纹样会自然地抬高(图5-39)。

4）背面冲形

待银片退火变软之后,根据已经鏨好的山水纹的线条,挑选适合的起形鏨,通常选用鏨头为球形、水滴形压鏨或者其他慢鏨,将山水纹中未来最高的位置或者空间造型最丰富的区域从背面冲出(图5-40)。注意不要用力过大或者在同一点反复敲击,因为这样会导致银片变薄或者破裂,影响后续制作。

图5-39 齐线压平(正面、背面)

图5-40 背面冲形后

5）二次正面走线

上胶前将银片退火，使其恢复软的状态。用线錾先对冲出的高起伏的形进行刻画（图5-41）。用慢錾对鼓出的半球形的边缘进行錾花（图5-42），使水珠的造型更清晰。

图 5-41　正面大形走线

图 5-42　水珠走线

6）压花

用压錾将纹样边缘的线条、纹样鼓出的起伏空间塑造出具体的造型以及前后空间关系。用小压錾压出海浪的造型（图5-43）。

对于底面的处理，按照传统的方式会用到套珠錾或麻点錾。这类肌理会让底面呈现密集的纹理而对光产生漫反射，从而让主体物更清晰。压花也有遮挡瑕疵的作用，毕竟工匠想将面积较大的底面敲平整是非常困难的，而且时间和工艺成本都会很高。

由图5-44可见，压花后海浪造型清晰，棱角分明。

对于山形而言，要从反面将山纹中未来最高的位置或者空间造型最丰富的区域从背面冲出。山的造型是从外向内阶梯状抬高，通常此类造型在压花的过程中也是从外向内（图5-45），依据具体边缘线的轮廓运用圆形、方形或水滴形压錾进行压形（图5-46）。受压力和方向的影响，银片内部的胶也会向中间聚拢，这有利于山体中间最高位置的塑造。

再用各种形状的起形錾压出水涡的造型（图5-47）。

并用压錾塑造出山水纹样的空间形体和前后关系，为接下来錾细节做准备。

在空间形体塑造完成后，依据纹样造型和风格特点，用快錾錾出如丝般的水纹（图5-48）。线条间的排列依据手艺人的经验和他们对造型的理解以及艺术的表现手法。而丰富的细节表现正是錾花工艺的魅力所在。

錾花工艺

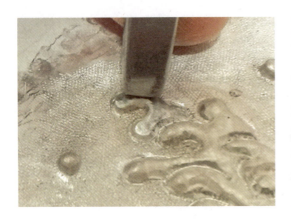

图 5-43　小压錾压水花

图 5-44　海浪水花压花后的效果

图 5-45　用方压錾从底层开始压形

图 5-46　用方压錾向上压山形

图 5-47　压錾压水涡纹

图 5-48　快錾錾水纹

7）退胶

錾花完成后退胶，并用酸洗去银片表面的污渍，再检查是否有漏洞或遗漏的、未錾的部分。錾好的山水纹见图5-49。

图5-49　山水纹完成图

四、花蝶纹

1）放样

在银片上用铅笔、油性笔等勾线工具绘出花蝶纹样（图5-50），也可以将打印好的图纸粘在银片上。

2）走线

用慢线錾和不同弯度、不同大小的弯錾将银片上的纹样线条錾一遍（图5-51），主要是錾纹样中大的结构线和起伏、层次最明显的线。走线完成后可见花蝶纹的大致轮廓（图5-52）。

走线后将银片从胶盘上取下，此时从背面（图5-53）可以看到纹样清晰的结构线和大概的动势。

錾花工艺

图 5-50　银片绘图

图 5-51　走线局部

图 5-52　花走线完成图

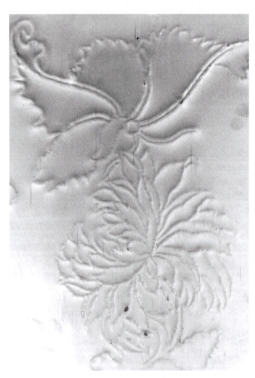

图 5-53　走线后背面

3）齐线压平

走线是在银片上留下纹样下陷的痕迹，这时需要将银片正面朝上放在一个平整的钢板上，用錾口呈圆形或方形的压錾，沿外轮廓线将纹样内的区域錾平。从图5-54可以看出，没有被压錾压过的地方会自然地抬高。

图5-54 齐线压平（正面、背面）

4）反面冲形

待银片退火变软之后,根据已经錾好的纹样的线条,挑选适合的起形錾,通常选用錾头为球形、水滴形的压錾或者其他慢錾,将花蝶纹中未来最高的位置或者空间造型最丰富的区域从背面冲出(图5-55)。

5）正面大形走线

将银片退火,使其恢复较软的状态。再在银片上胶,用线錾在之前錾过的线上进行二次走线,深入刻画造型(图5-56)。

图5-55　反面冲形

图5-56　正面大形走线

6）齐面压平

用图 5-57 中的錾子将主体的花叶周围齐面压平，修整造型。左边的錾子为水滴形压錾，右边的为橄榄形麻点錾，用来做花蝶纹中的肌理效果。

7）细节錾花

用方形或圆形压錾对所冲出的造型进行初次的立体塑造（图 5-58），使纹样呈现出一定的起伏与空间关系。

图 5-57　齐面压平用的錾子

图 5-58　细节錾花

8）小压錾压花

用小压錾修整边缘线条（图5-59），并将银片上有起伏的地方塑造出清晰具体的造型。

9）大压錾压形

相较于花的纹样，叶子纹样中各部分面积更大，因而适合用大压錾进行立体塑造（图5-60）。

图5-59 小压錾压花

图5-60 大压錾压形

10）大压錾找平

在主体纹样的边缘部分，用大压錾进行平面压实（图5-61），突出主体浮雕的立体感。

11）压花

先用异形錾对纹样凸出的侧边进行深入的塑造，使整体造型更为精致。图5-62为中间有凹口的异形錾，用它可以錾出侧面更为圆滑的浮雕造型。

再用各式各样的线錾在蝴蝶花纹部分进行装饰刻画（图5-63）。

12）退胶

用酸去除银片表面的污渍并检查银片是否有漏洞或遗漏未錾的部分。錾好的花蝶纹见图5-64。

图 5-61 大压錾找平

图 5-62 异形錾压花

图 5-63 线錾压花

图 5-64 花蝶纹完成图

鏨花工艺

五、狮子纹

狮子纹通常出现在门扣手装饰构件上。图5-65为狮子头纹样的钢模，狮子纹狮眼圆睁，鼻孔上翻，大嘴微张，牙齿尽显，毛发卷曲，彰显气势。可先将铜片放在钢模上，再用油压机压印，加工出半成品，然后按以下步骤鏨出清晰的狮子纹。

1）冲压模具上胶

从冲压模具中可大致看出这是一个狮子头。模具整体凸出明显，浮雕感极强，但是各部分造型的边界模糊不清（图5-66），要得到一个栩栩如生的狮子头纹样，须对此类狮头造型特征进行深入刻画。首先要对模具上胶。

2）草图刻画与大线鏨走线

先在冲压模具上用铅笔或油性笔勾勒出纹样的装饰造型，如将狮头拟人化，在眼睛上方勾勒出紧蹙且繁密的眉毛，在脸部四周则绘制一团团紧密相接、卷卷的鬃毛，将狮子口中尖尖的獠牙一并刻画，为后续压花做造型进行铺垫。

在所有装饰细节勾勒完毕后，用大线鏨走线，注意走线线条要流畅清晰，进一步明确狮子头形态（图5-67）。

图5-65　狮子纹钢模

图5-66　冲压模具

图5-67　大线鏨走线

3）压錾压形

大线錾走线完成后用压錾塑造具体空间造型。压花前明确视觉中心点，将它作为整个纹样中最突出的部分。在狮子头纹样中，可将狮子五官部位作为视觉中心点，用压錾强化该部分高低起伏的空间对比。脸部应在狮子头纹样中居于最高处，四周鬃毛不宜比脸部更高，不然会分散视觉中心。

4）细节塑造

用各类压錾、线錾压出牙齿、须发上的细节，注意稀疏和位置排布。如图5-68所示，以圆形压錾錾狮子嘴角，使旁边的嘴唇可以往高处抬升，为了丰富层次，可以将嘴角錾成内凹的旋涡状。此外，可用较小的线錾錾狮子整齐的牙齿。仔细观察，狮子鼻子同眼睛蹙成一团，因此为了更好表现狮子威武的气势，须较多地錾打眼鼻的侧面，使其在高度上有较多的抬升，再从顶部进行精细的刻画。

5）压花

先用特制的鳞錾进行狮子额头花纹的錾花（图5-69），注意每一片纹理要交叠错落，具有层次感。

再錾狮子眉毛、牙齿、须发上的细节。图5-70中狮子面部的装饰可用尖头錾轻敲获得，此外，可用三线錾或普通线錾錾出狮子眉毛纹理和周围的鬃毛。而在进行额头鬃毛的刻画时可将其塑造成旋涡状以起到更好的装饰效果，同时需要将旋涡状纹饰錾出层层叠叠的感觉。如此各部分层次分明、狮子栩栩如生。

图5-68 细节塑造

图5-69 鳞錾压花

图5-70 狮子面部细节

錾花工艺

图 5-71 待退胶的铜片

6）退胶

用大火将錾刻好的铜片（图 5-71）上的胶烧至碳化，并用铜刷或钢丝绒将胶清理掉。

再将刷亮后的铜片放入稀硫酸中煮至发白，至此作品完成。

可使用以上方法錾出各种狮子纹（图 5-72）。

图 5-72 其他狮子纹

六、圆龙盘纹样

龙是传统经典纹样,图 5-73 中的圆龙盘模片为穿云吐珠龙纹,线条密集,造型丰富,容易錾乱,因此需要对其进行工艺和纹样的解读。将圆龙盘分为三个层次:首先将龙首与龙珠作为最高点,即视觉中心点;其次为龙身,它贯穿圆盘几个位置以龙爪收尾;最后是散布在各处的云。只要把握住高低层次和形象主次,就不会錾乱圆形龙纹。

1)冲压模片上胶及冲形

从图 5-74 中可以看出冲压模片已初具雏形,有了基本的空间结构,能够大致分辨出龙首、龙爪及龙珠的外形,但是精细部分,如龙的五官、毛发、龙鳞等需要后期刻画雕琢。将铜片上胶,待铜片退火变软之后,根据已有的线条,挑选适合的起形錾,将龙纹中各个鼓起来的部分冲出,冲形时注意高低位置。

2)大线錾走线

龙纹的外圈部分以及龙纹中弯曲较平缓的部分,如龙身等可采用大线錾走线,以明确龙纹造型(图 5-75)。

图 5-73 圆龙盘模片

图 5-74 冲压模片

图 5-75 大线錾走线

3）小弯錾走线

纹样中龙首处于中心位置，是整个纹样的视觉中心，也是浮雕的最高处，其中弯曲造型颇多，如龙眼、龙鼻、龙嘴，此时可采用小弯錾塑造该造型特征（图5-76）。走线时注意线条的连贯性，可将线錾一头轻轻翘起，以免在作品上留下杂乱的刻痕。

走线后，龙纹外形更加清晰（图5-77），走线可以为后续压花打下基础。

4）压錾压底

用麻点錾对龙纹最底部进行錾花，让底面上密集的纹理对光产生漫反射，从而使主体物更清晰，同时它也有遮挡瑕疵的作用。图5-78中为水滴形和线形麻点錾，水滴形麻点錾不仅可以大面积压花，也可对纹样中底层的边角进行刻画，如龙毛之间的夹角可用水滴形麻点錾的尖角部位进行处理。

5）压錾压花

用压錾将纹样边缘的线条、鼓出的起伏空间塑造出具体的造型以及空间关系。此前须考虑清楚视觉中心部位同周围的高低层次关系。从图5-79中可见龙首为视觉中心，应将它作为整个纹样最高处且细节最丰富处进行刻画，其余部分高度则须逐层递减。

图5-76　小弯錾走线

图5-77　走线完成图

图5-78　麻点錾

图5-79　压花后效果图

6）鳞錾錾龙鳞

用特制的鳞錾錾龙鳞，注意每一片龙鳞要交错錾，以使其具有层次感（图5-80）。落錾时须干脆利落，尽量避免反复敲击同一鳞片而造成杂乱的刻痕。

7）三线錾压花

用三线錾錾龙的毛发（图5-81），注意每一根毛发的排布要连贯流畅，线条间的排布要均匀，尽量不交错。

8）錾龙的更多细节

用压錾将脸部的眼睛、嘴、鼻子、须发等的前后位置关系明确。

压花完成局部效果见图5-82。模片錾花前后效果见图5-83。

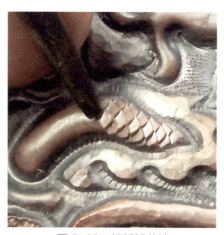

图5-80 鳞錾錾龙鳞

图5-81 三线錾压花

图5-82 压花完成局部图

图5-83 模片錾刻前后的效果图

錾花工艺

在錾复杂的纹样（图 5-84）时，可边绘样边錾花。图 5-85 为仿古龙盘，图 5-86 为原型。

图 5-84　龙盘盏制作过程

第五章　錾花工艺教学案例

图 5-85　仿古龙盘

錾花工艺

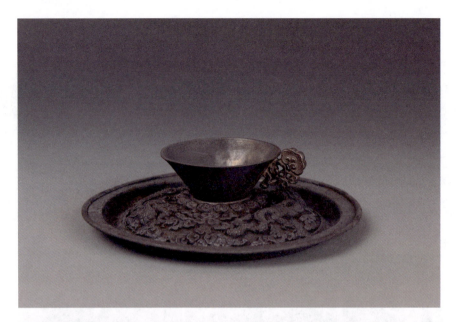

图 5-86　银龙盘盏
（蕲春县博物馆）

七、嵌金工艺

从古至今,工匠们常常利用金属进行多层次、多色彩的艺术表现,比如錽(jiǎn)金银、错金银、肥厚镶嵌、布目工艺,以及錾花工艺中发展出来的嵌金工艺。所有这些金属之间组合工艺的共同点如下。

(1)金属之间基本都是冷连接。
(2)依托金属之间硬度和延展性的差异,进行不同方法的冷连接。
(3)所有被镶嵌的金属,体量和形制呈现纤细、小巧、轻薄的特征。
以下是使用不同工具(图5-87)在银壶表面进行银嵌黄铜的工艺过程。
(1)确定待镶嵌的图案,用脱錾将它从铜片上剔刻下来,并放在银壶表面待镶嵌的位置上进行确认和调整(图5-88①)。
(2)用专用的细錾对银壶待镶嵌的位置进行錾活,用细线錾将轮廓錾出来,再用斜压錾将轮廓线以内的面向下錾(图5-88②③),留出被嵌金属的厚度空间。
(3)用不同形状压錾,将下沉面以及边缘修平整。
(4)将待镶嵌黄铜放置在下沉面上进行调整(图5-88④),以边缘契合没有缝隙最佳。
(5)固定好后用小锤轻敲黄铜使它们整体紧密贴合(图5-88⑤)。
(6)用不同形状压錾沿被嵌金属边缘向下錾,使其充分嵌入下沉面(图5-88⑥⑦)。
(7)反复挤压黄铜边缘和下沉面边缘上沿,依靠金属边缘的叠压将两片黄铜紧密压实(图5-88⑧)。

图5-87 嵌金工艺的工具

錾花工艺

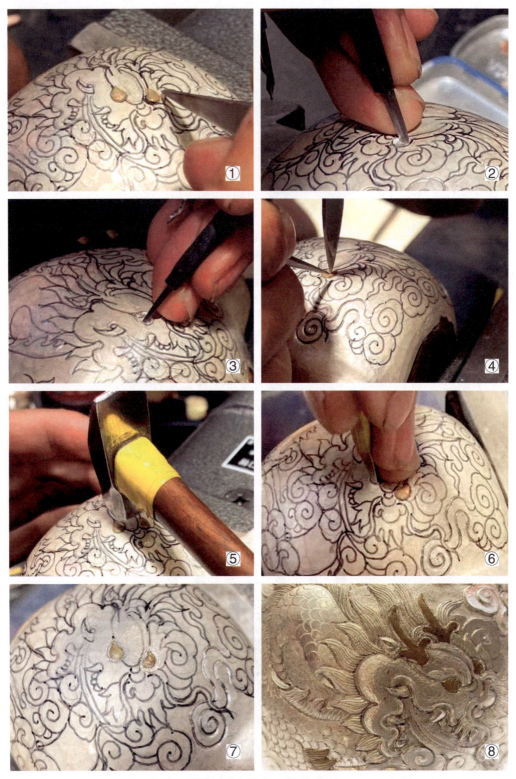

图 5-88 嵌金工艺流程

第六章
国内著名錾花工艺传承地

第六章 国内著名錾花工艺传承地

一、北京地区

1. 区域概况

1958年5月20日，北京市政府将散落于民间、身怀绝技的手艺人组织起来成立了北京花丝镶嵌厂。1999年北京市通州区经济委员会全面接手北京花丝镶嵌厂，将它改制更名为"北京东方艺珍花丝镶嵌厂"，它也成为全国较早的黄金、白银加工制造企业。工厂位于北京市通州区广聚街6号。该厂集中了花丝镶嵌、錾花、珐琅等工艺的顶尖技术人才，并使花丝镶嵌技艺和现代工艺有机地结合在一起，生产制作出许多玲珑剔透、巧夺天工的工艺摆件及款式新颖的金银珠宝首饰，曾多次完成国家级重点项目。类似的传统金银工艺厂还有北京工艺美术厂。

此外由于历史原因，改革开放后工艺厂的很多工艺师分散在北京周边继续从事相关行业，主要集中在北京通州等地。通州区为北京市市辖区、北京城市副中心，是北京市人民政府的所在地，位于北京市东南部，京杭大运河北端，毗邻河北和天津。通州区与河北省大厂回族自治县相连，这两个地方的细金工艺同根同源、一脉相承，两地的花丝镶嵌制作技艺在2008年都入选了国家级非物质文化遗产名录中的传统技艺类别。

2. 工艺特色及传承人

北京地区錾花工艺主要是由为清朝皇室服务的专业手工艺制作部门延续下来的，特点是用料丰富，造型富贵奢华，通常錾花工艺配合花丝镶嵌工艺一起出现，工匠还会运用点翠和珐琅工艺。北京通州的细金工艺以錾花工艺和花丝镶嵌工艺为主，继承和发扬"宫廷手工艺"的特点，工艺品具有典雅大方、高贵美观、富丽堂皇之感，颇有宫廷之风，在行业内外和国内外都有着深远的影响。主要代表人物有杨锐等。

杨锐，北京一级工艺美术大师、高级技师、皇家珠宝金属錾刻艺术总监。1970年就职于北京花丝镶嵌厂，从事金属錾刻工作（图6-1）。在此之后，先后师从吴振英、宗立英等22位业内名师，系统地学习并继承了錾花工艺和花丝镶嵌工艺的全部技艺。他先后参与制作军用礼宾枪，参与复制十三陵地宫出土的多件文物、清乾隆金嵌宝金瓯永固杯，还参与了黄鹤楼、长沙金玉地动仪等大型细金工艺品的创作。由他独立设计研发的錾花工具先后获两项国家发明专利，并被收入《中国实用科技成果大词典》。

錾花工艺

图 6-1　杨锐作品

3. 现状及未来

錾花是我国传统金银器制作最主要的工艺之一，北京通州地区的錾花工艺沿袭明清宫廷细金工艺的特点，主要通过老艺人之间口口相传和相关典籍等形式传承下来。2007 年 6 月，北京花丝镶嵌制作技艺被列入了北京市第二批市级非物质文化遗产名录。2008 年 6 月，在国发〔2008〕19 号文件《国务院关于公布第二批国家级非物质文化遗产名录和第一批国家级非物质文化遗产扩展项目名录的通知》中，细金工艺中的"花丝镶嵌制作技艺"正式被纳入国家级非物质文化遗产名录。

目前，北京通州地区錾花工艺的传授模式主要有工艺美术厂模式、商业体验课模式。

工艺美术厂模式主要是工厂师傅带领学徒共同制作产品。在此过程中，师傅在日常工作中会将细金工艺的内容传授给学徒，学徒在辅助师傅完成工作的同时不断自我摸索，学成技艺。

商业体验课模式主要是店铺以营利为目的，以顾客体验传统手工艺为媒介向他们传授这门传统技艺。这种店一般是饰品体验店，经营范围为银器制作。体验店通常会事先准备好一定规格的片料和相应款式的银饰品，顾客可以在其中选择喜欢的款式，自己动手制作，体验全部制作过程或其中某个环节。该模式重在盈利和体验。

二、西藏地区

1. 区域概况

藏族人民擅长装点生活,包括穿着的服饰和生活用品。西藏自治区昌都市,是连接西藏、四川、青海、云南的枢纽,是"茶马古道"的要地。千百年来,藏族、汉族、纳西族、侗族等多个民族在这里和谐共处。嘎玛乡位于昌都市卡若区,特殊的地理位置和深厚的文化底蕴也深深影响了当地有着 800 多年历史的金属工艺(图 6-2),其金属工艺品作为佛教信徒及当地人精神的载体,更是独具特色。此外,嘎玛乡还有很多手艺人会唐卡(藏族绘画)、雕刻、玛尼石刻等众多的民间手工技艺,这些技艺历史悠久、工艺精湛,具有很高的研究、学习价值。2002 年嘎玛乡被西藏自治区命名为"民族民间手工艺术之乡",后又被文化和旅游部命名为"中国民间文化艺术之乡"。

图 6-2 藏族工匠工作环境
(寸发标供图)

錾花工艺

2. 工艺特色及传承人

藏族金属工艺的基本特点是独特性、传承性、地域性、民族性。在当地很多藏族人都信佛教，他们的工艺技术与藏传佛教有着极为密切的关系。手艺人对宗教的信仰让他们对技艺传承更加执着，当地金属工艺的文化内涵、审美倾向、功能、题材和纹样等都散发着浓厚的藏传佛教气息。此外，当地金属工艺品绝大多数为手工制作，它们同时也是生活必需品，往往做工精细，具有较高的装饰性、观赏性和收藏价值。

在当地，錾花工艺的学习时间较长。在制作錾花工艺品时，錾的图像由师傅先进行绘制，再由学徒照着绘制，与此同时学徒要带着信仰去理解图像。使用工具的时候也是采取这种模式。当地的錾花工艺一共有四种形式。

（1）线刻工艺，藏语发音为"甲末擦"。线刻工艺雕刻的内容非常多样，通常有水纹、八宝吉祥图案、花卉及草木等，它们经常作为宝座当中绸缎的花纹。

（2）第二种属于镂雕工艺，这一工艺的另一种名称是"透雕"，藏语发音为"锥拉擦"，经常用于雕刻佛像的宝冠、胸饰和护法的背光火焰纹。红铜器中的黄铜装饰用的便是"锥拉擦"。

（3）第三种属于浮雕工艺，藏语发音为"捕尔擦"，经常用于雕刻宗教用具的装饰纹路，使用范围非常广。

（4）第四种属于抛光类型的錾花，藏语发音为"甲玛顿"。它又可细分为四道工序：第一道工序是"嘎志"，是将工具的台面口做成网状，以便将粗面磨平；第二道工序叫"西志"，是用工具纵向打磨；第三道工序叫"输志"，是用工具横向打磨；第四道工序叫"吉启"，即沙磨。抛光类型的錾花也是铸造修补中必不可少的工序。

西藏地区錾花工艺的代表人物有次仁平措、罗布占堆等。

次仁平措（1932—1999年），金银雕刻工艺大师。1989年被评为高级工艺美术师，1997年被中国轻工业总会授予"中国工艺美术大师"称号。次仁平措为罗布林卡新宫、布达拉宫、大昭寺、丈卡寺、色拉寺、噶丹寺、扎什伦布寺、哲蚌寺等寺庙雕刻了几十件金银佛教用品，代表作有桑耶寺大殿的金顶和为那曲市一座寺庙制作的高2.5m的莲花座镀金铜佛像。他培养的徒弟有十余名。

罗布占堆，1975年出生于铜匠世家，是玉巴家族第五代传承人。2008年罗布占堆为四川藏哇寺制作了24m高的弥勒佛，2009年在藏哇寺做了9m高的云登桑布法王像。2012年，他荣获"中国工艺美术大师"称号，至今已培养数十名徒弟。

3. 现状及未来

改革开放以来，随着社会环境与经济的不断发展，市场也逐渐扩大，嘎玛乡金属技艺由传统的家庭传承方式向以家庭传承为主、师徒传承和帮工传承为辅的方式演化。

家庭传承是家庭内部成员之间技能的传承。在传统手工艺家庭中，主要是靠这种方式传承技艺。家庭传承方式的优势有如下两点。①家主的特殊性。家主对整个家庭有着充分的话语权，他负责管理家庭的收入与支出；他充分了解市场，能够对市场的变化做出最快的反应，从而使家庭获得最佳的经济效益；家主是家庭的代表，更是家中手艺的代表，在与客户沟通时对工艺有充分的话语权。②以家庭为单位，能够充分发挥伦理功能，在工作、传授技艺时，成员为了家庭的利益能够自觉团结在一起，相互依赖并有着共同的奋斗目标。家庭传承的模式在嘎玛乡的手工艺家庭之中非常普遍。

有传承价值的传统技术必然依附于当下具体的生产与生活场景之中。传统技术有其独特的内涵与表现形式，但它不是孤立存在的，必然是传承主体与客体、口头与行为、物质与非物质、有形与无形的结合，是延续不断的动态过程（吴章，2010）。无论是怎样的传承方式，人与技艺、时代与技艺都在不断互动和进化，而这也是传统手工艺能够不断传承发展的原因，正是由于这种传承关系的存在，传统手工艺不断更新，充满活力，它的发展变得多元化。

三、云南大理白族自治州

1. 区域概况

云南大理白族自治州鹤庆县新华村原名"石寨子"。新华村具有悠久的银器、铜器等手工艺品的制作历史。据有关史志记载，明朝洪武初年一洪姓参将率军在石寨子屯戍，"屯军中有善冶炼和以铜、银加工器具者，村民又习之，诸技艺均能，世代传袭。"鹤庆的金属加工技术是明朝实行屯田制时由汉族工匠传入的，然后在白族工匠中传播开来，迄今已经延续近千年，当地也流传着"小锤敲过一千年"的佳话。近代以来，新华村、秀邑村、河头村、妙登村、板桥村等村寨的工匠长年累月远离家乡，走村串寨用手艺讨生活，他们学习各地银饰加工工艺和银器文化，丰富和提高了自己的制作工艺。

改革开放以来，西藏、甘肃、四川等地的广大藏族人民需要大量金银铜器，鹤庆新华村工匠抓住了这个难得的发展机遇，到拉萨、西宁、兰州、西昌等城市及周边地区安营扎寨，就地加工制作藏民亟需的净水壶、敬酒壶、敬酒碗、铜水缸、藏刀等生活用品，以及藏传佛教寺院所需的法号、佛像、佛盒等宗教用品。20世纪八九十年代，从鹤庆到藏区做活的工匠越来越多，仅在拉萨的就有三四百人，在拉萨老城区八廓街大昭寺左侧的吉日巷还形成了新华村手工艺品一条街。2000年左右，在外做活的工匠陆续回到村中，在自己的家中办起了家庭作坊。

2. 工艺特色及传承人

鹤庆人锻制的民族金属工艺品不论从工艺制作、生产规模，还是从产业链集成到服务人群，在世界范围内都独具特色。当地不仅有规模庞大的银饰加工的龙头企业，也有引领行业的国家级工艺美术大师。目前在新华村，新兴的师徒制与现代专业教育共存，当地有独立的大师工作室，也有与专业院校合作开设的传统工艺实践基地。越来越多的社会力量和新的思想、审美、文化的融入，也影响着当地的手工艺人，他们在银器上不断推陈出新、

錾花工艺

不断探索，创作具有更高艺术价值的工艺品。"新华村"已经成为了一个品牌。

当地典型的传承人有寸发标、母炳林、金永才等。

寸发标（图6-3），白族，1962年出生于云南大理，从事银器行业40多年，现为中国工艺美术大师，国家级非物质文化遗产代表性项目银饰锻制技艺（鹤庆银器锻制技艺）代表性传承人，此外联合国教育、科学及文化组织还授予他"民间工艺美术大师"称号。

为了弘扬中华民族精神，彰显民族团结主题，展现各民族精神风貌，传承民间传统技艺，由国家民族事务委员会倡导支持，云南省人民政府组织实施，寸发标设计制作的大型银雕屏风《中华民族一家亲 同心共筑中国梦》，历时四年两个月零十二天终于完成。作品构思巧妙，56个民族的112名中华儿女欢聚天安门，珠峰昆仑巍峨耸立，三山五岳云蒸霞蔚，万里长城绵延起伏，长江黄河奔流不息，辽阔海洋碧波浩荡，台湾阿里山、香港太平山、澳门大三巴牌坊和大理三塔等如颗颗明珠镶嵌其中，113只和平鸽展翅翱翔，99朵牡丹争奇斗艳，呈现出国家富强、民族团结、人民幸福、社会和谐、山河壮美的锦绣画卷，生动展示了各族人民休戚与共、亲如一家，携手共圆中国梦的精神风貌。作品气势恢宏、寓意深远，巧夺天工，纯银重582.173kg，银雕屏风整体长6.6m、高3.5m、厚0.74m，是全世界迄今为止体积最大、用料最多、制作时

图6-3 寸发标

间最长的银雕精品，创下了吉尼斯世界纪录，展现了精湛的民间工艺和浓郁的民族风情，堪称传世杰作。

母柄林（图6-4），中国工艺美术大师，国家级非物质文化遗产代表性项目鹤庆银器锻制技艺（银饰锻制技艺）代表性传承人。

金永才，云南省工艺美术行业协会监事会主席、昆明市非物质文化遗产保护协会理事，"金李记"品牌创始人。

据统计，鹤庆县从事金银器手工锻制的从业人员有近2千人，很多手工艺人有绝活（图6-5），他们都在用自己的方式传递民族手工艺的记忆。

图6-4　母柄林

3.现状及未来

鹤庆银器锻制技艺的传承方式主要有以下几种。

（1）家庭传承。它指的是家庭成员之间的口传亲授，具体表现为由父辈将自己掌握的技艺传授给下一代，以血亲关系延续家族的技艺和资源。

（2）师徒传承。主要是师傅带领徒弟通过共同劳动学习技艺。师傅在日常工作中将银器锻制技艺传授给学徒，学徒在辅助师傅完成工作的同时不断学习和摸索。师徒传承多出现在小的手工作坊中，以男性银匠为主体，学徒与师傅之间分工协作。手工作坊因规模小，运营灵活，能有效地规避风险。目前，前店后坊仍然是鹤庆银器锻制技艺传承场所的重要组成部分。

（3）教育培训。新华村教育培训的主要载体之一是传习所，村内共有7家银器锻制

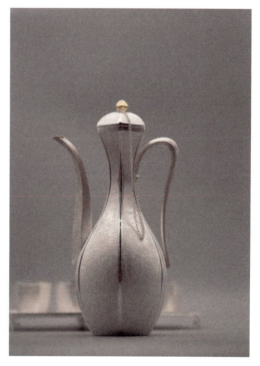

图6-5　从金从银品牌作品（张家松）

技艺传习所，分别是母炳林传习所、寸发标传习所、寸光伟传习所、寸彦同传习所、李金福传习所、李金铭传习所和段六一传习所。传习所主要有两种类型：一类供游客体验学习，另一类供专业院校师生实习实践。

此外，2017年11月，文化和旅游部非遗司、云南省文化厅、大理州人民政府、中央美术学院、云南省艺术学院、李小白（图6-6）工作室共同签订了合作协议，大理传统工艺工作站（鹤庆基地）正式成立。通过举办展览、交流会议，一方面促进了工作站吸收、借鉴各方建设经验；另一方面，国内外学者、领域专家也带来了新的思路与方法，激发当地匠人的思考。新华村作为鹤庆银器锻制技艺的核心传承区域，在基地开展的各项活动中备受关注。鹤庆银器锻制技艺也通过扩大传播面的方式赢得新的发展机遇，将保护传承、学术研究与创新发展三者结合，促进大理传统工艺的振兴。

图6-6　李小白作品

四、贵州黔东南苗族侗族自治州

1. 区域概况

黔东南苗族侗族自治州是全国苗族人口最集中的地区。在长时间的艰苦劳动和与自然环境共生的磨砺中，当地人逐渐形成了独特的服饰文化，即使在经济十分落后的 20 世纪 50 年代，姑娘出嫁或参加节日庆典时也要将银制品穿戴在身上，家庭富足的姑娘银饰重达二三十斤（图 6-7）。贵州是錾花工艺保存最为完整的地区之一，其中雷山县苗族人仍保留着传统、古老、丰富的文化内涵，当地被誉为苗族文化中心，是活生生的"苗族历史文化教科书"。雷山县境内共有苗寨 350 多个，其中中国传统村落 68 个，拥有 15 项国家级非物质文化遗产项目，是我国传统村落密度最大、国家级非物质文化遗产项目最多的县。雷山县苗族银饰有着深厚的文化底蕴，苗族银饰锻制技艺于 2006 年入选第一批国家级非物质文化遗产名录。雷山县也被中国工艺美术协会评为"中国银饰之乡"。

图 6-7　贵州地区银饰

錾花工艺

改革开放后当地恢复了少数民族风俗习惯，民族节日和各种文化活动逐渐兴起，银匠有些原地加工、有些走乡串寨，银饰加工制作开始恢复。随着改革开放的深入，锌白铜进入苗族民众的视野，至20世纪90年代中后期，人们的经济水平不断提高，在满足内部需求的同时，苗族银匠开始将银饰销往其他地区。黔东南地区苗族银饰锻造技艺现有杨光宾、吴水根、邰引岩、杨正贵四位传承人。传承人的传帮带和众多青年手艺人群体为当地银饰锻制技艺的传承与创新奠定了基础，很好地促进了苗族银饰产业的发展。

2. 工艺特色及传承人

苗族银饰锻制技艺是苗族民间独有的传统技艺，所有饰件都通过手工制作而成。银饰的式样和构造经过工匠的精心设计，从绘图到雕刻和制作有30道工序，包含铸炼、捶打、焊接、编结、洗涤等环节，工艺水平极高。

杨光宾（图6-8），苗族，2006年被确定为国家级非物质文化遗产代表性项目苗族银饰锻制技艺代表性传承人。

杨光宾通过生活中的细致观察和不断积累，从苗族蜡染和刺绣中寻找灵感，巧妙地将各种图案结合到一起，运用自己独特的技艺，使制作出来的饰品与众不同。他制作的《苗族银饰花冠》荣获2009年"天工艺苑·百花杯"中国工艺美术精品奖金奖。

3. 现状及未来

黔东南地区的苗族银匠可分为定点型和游走型两类。大多数银匠为定点型，也称为定点银匠。他们银饰锻制技艺只传儿子，不传女婿或其他亲友。他们在家承接银饰加工业务，服务于相对封闭而形成区域格局的某一个寨或多个寨，客户多来自家族支系，所以也可称之为支系内部的银匠。定点型银匠

图6-8　杨光宾及其作品

的分布和数量，依据区域环境及市场需求自然调节，以施洞、排羊、西江、湾水、王家牌等地较为典型。

游走型银匠（流动银匠）同样以家庭为作坊，农闲季节则挑担外出，招揽生意。通常每人都有自己的专门路线。他们并不局限于只为本系或本民族加工，对沿途数百里其他分支或民族的银饰款式都比较了解，加工起来也轻车熟路、得心应手，所以也称之为地域性银匠。黔东南银匠游走足迹遍布贵州全省，并延及广西北部及湖南西部。雷山县的银匠大部分为流动银匠，他们的银饰锻制技艺，除了父传子、子传孙外，还传给女婿、亲戚或朋友。他们农忙时在家干农活，农闲时外出走乡串寨锻制银饰，为苗族、侗族、布依族、水族、瑶族、壮族、汉族加工银饰，同时也吸收了各民族优秀的文化和技艺。近年来，由于市场对银饰的需求增大，苗族银饰产业的发展势头良好。仅黔东南境内，以家庭为单位的银匠户便成百上千，从事银饰加工的人更是多达数千。家庭作坊多数为师徒传习的父子组合，也有夫唱妇随的夫妻组合。

经济的发展使人们的审美观念发生变化。苗族银饰传统意义上保值、辟邪、彰显财富的功能逐渐淡化，被赋予了新的文化内涵。纹样、造型一改传统、保守的形象，融入更多新时代的元素，造型简洁大气、款式多样，令人眼前一亮，给苗族银饰的发展带来了更多新元素和活力。通过政府打造、网络媒体宣传以及各种展销活动等，苗族银饰的知名度和影响力得到较大幅度的提高，引起国内外广泛的关注。许多苗族年轻人也看到苗族银饰产业的发展潜力，纷纷返乡学习银饰加工，年轻从业人员规模逐渐扩大。以上措施都有力促进了苗族银饰的销售和整个银饰产业的发展。

主要参考文献

范文澜，2004.中国通史［M］.北京：人民出版社．

韩伟，王占奎，金宪镛，等，1988.扶风法门寺塔唐代地宫发掘简报［J］.文物（10）：1-28+97-105.

何质夫，1963.西安三桥镇高窑村出土的西汉铜器群［J］.考古（2）：62-70+5-6.

呼啸，2018.陕西历史博物馆近年新征集金银器举要［J］.文物天地（11）：78-83.

姜捷，2020.法门寺出土文物研究概述［J］.中国书法（4）：9-33.

李科友，1980.马祖塔基出土的有关文物［J］.江西历史文物（1）：35-37.

罗振春，2013.百工录·首饰錾刻艺术［M］.南京：江苏美术出版社．

唐克美，李苍彦，2004.金银细金工艺和景泰蓝［M］郑州：大象出版社．

唐晓雪，1984.成都古代的银器工艺［J］.四川文物（1）：26-29.

田自秉，华觉明，2008.历代工艺名家［M］.郑州：大象出版社．

吴军，2010.冲突与整合中的传承——教育视野下侗族传统技术传承的思考［J］.民族教育研究，21（3）：19-23.

杨锐，2021.金工錾刻技法［M］.北京：北京工艺美术出版社．

杨小林，范立夫，2006.金银器制作中的传统细金工艺［J］.收藏家（10）：77-79.

杨小林，2008.中国细金工艺与文物［M］.北京：科学出版社．

尤婕，2020.法门寺地宫唐代金银器物上的錾文书法［J］.中国书法（4）：34-53.

附 录

学生作品

▲ 陈泳霖

錾花工艺

▲ 陈泳霖

▲ 郭晓

▲ 何畅

錾花工艺

▲ 古芫竹

▲ 古芫竹

錾花工艺

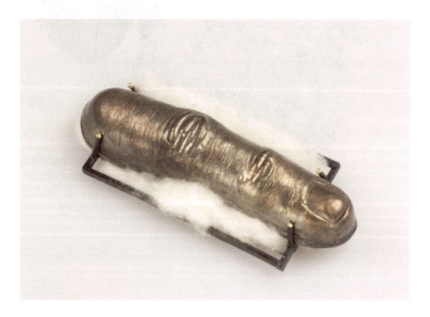

▲ 任海明

附 录

▲ 蒋震宇

▲ 金雪凌

錾花工艺

▲ 潘柳华

▲ 魏佳

附 录

▲ 张家莹

▲ 杨颂磊

錾花工艺

▲ 范睿超